Reihe de-Kompakt

Herbert Schmolke

Schutzeinrichtungen

Anforderungen, Empfehlungen und Hintergründe
nach TAB, VDE 0100 und DIN 18015

Hüthig · München/Heidelberg

Bibliografische Information Der Deutschen Bibliothek Die Deutsche Bibliothek verzeichnet diese Publikation in der Deutschen Nationalbibliografie; detaillierte bibliografische Daten sind im Internet über https://portal.dnb.de/ abrufbar.

Möchten Sie Ihre Meinung zu diesem Buch abgeben?
Dann schicken Sie eine E-Mail an das Lektorat im Hühig Verlag:
buchservice@huethig.de
Autor und Verlag freuen sich über Ihre Rückmeldung.

ISSN 1438-3764
ISBN 978-3-8101-0475-5

Printed in Germany
Gesamtgestaltung: schwesinger@galeo.de
Druck: Westermann Druck Zwickau GmbH

Vorwort

Dass Kabel und Leitungen sowie die angeschlossenen Verbrauchsmittel geschützt werden müssen, ist natürlich kein neuer Gedanke. Allerdings wurde in den letzten Jahren eine Vielzahl von Schutzgeräten entwickelt, die jedes für sich eine bestimmte Schutzfunktion erfüllen. Nach und nach wurden hierzu auch Anforderungen in den entsprechenden Normen festgelegt. Aus diesem Grund wurden immer wieder Fragen laut, welche Geräte in welchen Stromkreisen bzw. in welchen Betriebsstätten zwingend vorzusehen sind. Die Unsicherheit bei vielen Planern und Errichtern wird verständlich, wenn man das folgende reale, wenn auch zugegebenermaßen extreme Beispiel anführt:
Unter bestimmten Voraussetzungen ist ein Stromkreis denkbar, der eine Überstrom-Schutzeinrichtung benötigt, eine Fehlerstrom-Schutzeinrichtung (RCD), einen sogenannten Brandschutzschalter (AFDD) sowie eine Überspannungs-Schutzeinrichtung (SPD).
Das klingt für manch einen durchaus nach Übertreibung, aber im konkreten Fall ist diese Konstellation durchaus denkbar und möglicherweise auch sinnvoll.
Um zu vermeiden, dass jeder Endstromkreis mit sämtlichen zur Verfügung stehenden Schutzeinrichtungen versehen wird (was tatsächlich eine sinnlose Übertreibung wäre), müssen die entsprechenden Anforderungen der Normen genau betrachtet werden. Im vorliegenden Buch soll dies für die Schutzeinrichtungen geschehen, die in typischen Gebäuden, wie Ein- und Mehrfamilienwohnhäuser, sowie in vielen gewerblich oder industriell genutzten Gebäuden zum Einsatz kommen.
Zunächst werden die Schutzanforderungen beschrieben, die zu der Forderung nach einer bestimmten Schutzeinrichtung führen. Danach werden die Schutzeinrichtungen selbst beschrieben und schließlich wird festgelegt, unter welchen Voraussetzungen bzw. in welchen Stromkreisen die beschriebenen Schutzeinrichtungen tatsächlich erforderlich sind.
Abgerundet werden die Aussagen in Tabellen, aus denen die Forderungen nach Schutzeinrichtungen für bestimmte Stromkreise

hervorgehen, sodass letztendlich für konkrete Stromkreise festgelegt werden kann, welche Schutzeinrichtungen tatsächlich notwendig sind und welche nicht.

Herbert Schmolke

Inhaltsverzeichnis

1 Schutzeinrichtungen für den Personenschutz (Schutz gegen elektrischen Schlag) 9

1.1 Schutzmaßnahmen nach VDE 0100-410 9

1.1.1 Einleitung 9

1.1.2 Schutzmaßnahmen und Schutzvorkehrungen 9

1.1.3 Der zusätzliche Schutz 12

1.2 Schutzeinrichtungen für den Schutz durch automatische Abschaltung der Stromversorgung 14

1.2.1 Darstellung der Schutzmaßnahme 14

1.2.1.1 Die erste Teilmaßnahme der Fehlerschutzvorkehrung 15

1.2.1.2 Die zweite Teilmaßnahme der Fehlerschutzvorkehrung 19

1.2.1.3 Zusammenfassung 23

1.2.2 Darstellung der Schutzeinrichtung 23

1.2.2.1 Die Abschaltzeit als hauptsächliche Anforderung 23

1.2.2.2 Allgemeine Anforderungen an Schutzeinrichtungen 24

1.2.2.3 Die Schutzeinrichtungen für den Fehlerschutz im TN-System 27

1.2.2.3.1 Leitungsschutzschalter (LS-Schalter) 27

1.2.2.3.2 Fehlerstrom-Schutzeinrichtung (RCD) 31

1.2.2.3.3 Leistungsschalter 43

1.2.2.4 Die Schutzeinrichtungen für den Fehlerschutz im TT-System 44

1.2.2.5 Die Schutzeinrichtungen für den Fehlerschutz im IT-System 44

1.2.2.5.1 Leitungsschutzschalter 45

1.2.2.5.2 Fehlerstrom-Schutzeinrichtungen (RCDs) 46

1.3 Schutzeinrichtungen für den zusätzlichen Schutz 47

2 Schutzeinrichtungen für einen vorbeugenden Brandschutz 53

2.1 Schutzeinrichtungen für den Überstromschutz nach DIN VDE 0100-430 53

2.1.1 Einführung ... 53
2.1.2 Überlastschutz ... 54
2.1.3 Kurzschlussschutz ... 63
2.2 Schutzeinrichtungen nach DIN VDE 0100-420 ... 65
2.2.1 Fehlerstromschutz für einen vorbeugenden Brandschutz ... 65
2.2.1.1 Fehlerstrom-Schutzeinrichtung (RCD) in feuergefährdeten Betriebsstätten ... 65
2.2.1.2 Probleme beim Einsatz von Fehlerstrom-Schutzeinrichtungen (RCDs) ... 66
2.2.1.3 Differenzstrom-Überwachungseinrichtung (RCM) 68
2.2.2 Lichtbogen-Schutzeinrichtungen für den vorbeugenden Brandschutz ... 71
2.2.2.1 Einführung ... 71
2.2.2.2 Störlichtbogen-Schutzeinrichtung ... 71
2.2.2.3 Fehlerlichtbogen-Schutzeinrichtung ... 75
2.2.2.3.1 Allgemeines zur Schutzeinrichtung ... 75
2.2.2.3.2 Forderungen nach AFDDs in Stromkreisen ... 78
2.3 Zusammenfassung und Tabellen ... 81

3 Schutzeinrichtungen für einen Überspannungsschutz ... 83
3.1 Allgemeines ... 83
3.2 Der Schutz vor Überspannungsschäden in elektrischen Anlagen ... 84
3.3 Anforderungen an Überspannungs-Schutzeinrichtungen ... 86

4 Koordinierung von Schalt- und Schutzeinrichtungen ... 91
4.1 Selektivität ... 91
4.1.1 Allgemeines ... 91
4.1.2 Anforderungen aus Normen ... 94
4.1.3 Selektivität von Schutzeinrichtungen ... 96
4.1.3.1 Selektivität zwischen Sicherungen der Betriebsklasse gG ... 96
4.1.3.2 Selektivität zwischen Leitungsschutzschaltern ... 99
4.1.3.3 Selektivität zwischen Sicherung und nachgeschaltetem LS-Schalter ... 101

4.2 Back-up-Schutz bzw. kombinierter Kurzschlussschutz 103
4.2.1 Back-up-Schutz 103
4.2.2 Kombinierter Kurzschlussschutz 105

5 Schutzeinrichtungen und EMV 107

6 Zusammenfassung 110

Literatur 123
VDE-Normen 123
VdS-Richtlinien 128
Fachliteratur 129
Überstromschutz 129
Blitz- und Überspannungsschutz 130
Schaltgeräte, Schutzeinrichtungen 130
Allgemeine Informationen 131

Stichwortverzeichnis 133

1 Schutzeinrichtungen für den Personenschutz (Schutz gegen elektrischen Schlag)

1.1 Schutzmaßnahmen nach VDE 0100-410

1.1.1 Einleitung

Wenn es um den Schutz gegen elektrischen Schlag geht, kommt automatisch DIN VDE 0100-410 (VDE 0100-410) zur Sprache. Unbestritten findet man hier die grundlegenden Schutzmaßnahmen, wenn es um die Nutzung elektrischer Energie geht. Da diese Nutzung nach dem Stand der heutigen Technik außerordentlich komplex und vielgestaltig ist, sind darüber hinaus, je nach Anwendungsfall, sicher noch weitere Anforderungen zu beachten, aber die Basis bilden stets die Anforderungen aus DIN VDE 0100-410.

Schutzmaßnahmen fordern zum Teil eine korrekte Ausführung von baulichen oder konstruktiven Maßnahmen, oder sie basieren auf der sicheren Funktion von entsprechenden Schutzeinrichtungen. Um diese Einrichtungen soll es im Folgenden gehen. Um Missverständnissen vorzubeugen, soll jedoch zunächst erläutert werden, was Schutzmaßnahmen im Sinne von DIN VDE 0100-410 sind.

1.1.2 Schutzmaßnahmen und Schutzvorkehrungen

In DIN VDE 0100-410, Abschnitt 410.3 werden grundlegende bzw. allgemeine Anforderungen beschrieben. Dabei geht es auch um die Frage, was eine Schutzmaßnahme nach dieser Norm überhaupt ist. Die Antwort findet man in DIN VDE 0100-410, Abschnitt 410.3.2. Danach besteht eine Schutzmaßnahme immer aus

a) einer geeigneten Kombination von *zwei unabhängigen* Schutzvorkehrungen, nämlich einer Basisschutzvorkehrung und einer Fehlerschutzvorkehrung, oder
b) *einer verstärkten* Schutzvorkehrung, die eine Basisschutzvorkehrung und zugleich eine Fehlerschutzvorkehrung ist.

Mit anderen Worten: Es gibt nach dieser Norm immer nur **zwei Ebenen** des Schutzes. Deshalb wird der Schutz, den eine *„Schutzmaßnahme"* bewirken muss, durch die Kombination von zwei unabhängigen *„Schutzvorkehrungen"* gewährleistet. Hier wird bewusst begrifflich unterschieden:

- Die *Schutzmaßnahme* ist ein übergeordneter Begriff, der die Art des Schutzes beschreibt und
- eine *Schutzvorkehrung* ist die konkrete Maßnahme, mit der ein wirksamer Schutz durch die Schutzmaßnahme gewährleistet werden kann.

Die beiden unabhängigen Schutzvorkehrungen sind

- *Basisschutzvorkehrung*, die den sogenannten *„Basisschutz"* (frühere Bezeichnung war *„Schutz gegen direktes Berühren"*) gewährleisten muss und
- *Fehlerschutzvorkehrung*, die den sogenannten *„Fehlerschutz"* (frühere Bezeichnung war *„Schutz bei indirektem Berühren"*) gewährleisten muss.

Die Alternative, dass eine Schutzmaßnahme aus einer einzigen verstärkten Schutzvorkehrung besteht (z. B. eine doppelte oder verstärkte Isolierung), wird bei einzelnen Betriebsmitteln (z. B. Betriebsmittel der Schutzklasse II) häufig gewählt. Für die komplette elektrische Anlage ist diese Möglichkeit allerdings weniger relevant, weil kaum anwendbar.

Hinweis: In der Fachliteratur wird häufig von „drei Schutzebenen" gesprochen: Basisschutz, Fehlerschutz und Zusatzschutz. Diese Einteilung entspricht allerdings nicht der Norm, die nach DIN VDE 0100-410, Abschnitt 410.3 nur zwei Ebenen kennt. Dass der Schutz dieser beiden Ebenen in bestimmten Fällen bzw. für bestimmte Anwendungen nicht ausreicht und deshalb ein „zusätzlicher Schutz" vorgesehen werden muss, wird im nachfolgenden Abschnitt 1.1.3 näher erläutert. Die Basis, die unabhängig von der Art der Anwendung stets vorgesehen werden muss, bilden jedoch ausschließlich die beiden zuvor erwähnten Schutzvorkehrungen nach DIN VDE 0100-410, Abschnitt 410.3.2.

Welche Schutzmaßnahmen (einschließlich ihrer zugehörigen Schutzvorkehrungen) nach DIN VDE 0100-410 möglich sind, wird in der Norm im Abschnitt 410.3.3 beantwortet. Danach sind folgende Schutzmaßnahmen erlaubt:

- Schutz durch automatische Abschaltung der Stromversorgung
  Diese Schutzmaßnahme wird in DIN VDE 0100-410, Abschnitt 411 beschrieben und im nachfolgenden Abschnitt 1.2 dieses Buchs näher erläutert. Diese Schutzmaßnahme besteht, wie oben unter Punkt a) beschrieben, aus zwei unabhängigen Schutzvorkehrungen.
- Schutz durch doppelte oder verstärkte Isolierung
  Diese Schutzmaßnahme wird überwiegend bei Betriebsmitteln der Schutzklasse II vorgesehen. Sie wird in DIN VDE 0100-410, Abschnitt 412 beschrieben und besteht aus einer einzigen Schutzvorkehrung, die sowohl den Basisschutz als auch den Fehlerschutz gewährleistet [siehe oben unter Punkt b)].
- Schutz durch Schutztrennung für die Versorgung eines Verbrauchsmittels
  Auch diese Schutzmaßnahme beinhaltet zwei unabhängige Schutzvorkehrungen [siehe oben unter Punkt a)]. Der Basisschutz wird durch eine entsprechende Isolierung hergestellt und der Fehlerschutz durch die einfache Trennung des Verbraucherstromkreises vom einspeisenden Stromkreis. Beschrieben wird diese Schutzmaßnahme in DIN VDE 0100-410, Abschnitt 413. Wichtig ist, dass diese Schutzmaßnahme im Wesentlichen für die Versorgung eines einzelnen Verbrauchsmittels vorgesehen wird. Sollen mehrere Verbrauchsmittel angeschlossen werden, sind besondere Maßnahmen erforderlich, die in DIN VDE 0100-410, Anhang C, C.3 beschrieben werden.
- Schutz durch Kleinspannung mittels SELV oder PELV
  Diese Schutzmaßnahme umfasst nach obigem Punkt (a) ebenfalls zwei unabhängige Schutzvorkehrungen. Beschrieben wird diese Schutzmaßnahme in DIN VDE 0100-410, Abschnitt 414. Der Basisschutz wird auch hier durch eine entsprechende Isolierung der aktiven Teile des Stromkreises gewährleistet. Allerdings ist eine Basisschutzisolierung der Stromkreise nicht gefordert,
  - wenn die Nennspannung des SELV- oder PELV-Stromkreises AC 12 V oder DC 30 V nicht überschreitet oder

- wenn der SELV-Stromkreis ausschließlich in trockener Umgebung betrieben wird und die Nennspannung AC 25 V bzw. DC 60 V nicht überschreitet oder
- wenn der PELV-Stromkreis ausschließlich in trockener Umgebung betrieben wird, die Nennspannung AC 25 V bzw. DC 60 V nicht überschreitet und zusätzlich die Körper der Betriebsmittel des PELV-Stromkreises durch einen Schutzleiter mit der Haupterdungsschiene verbunden werden

Ist der Basisschutz nicht gefordert, gilt die geringe Spannung als Basisschutz. Der Fehlerschutz wird durch eine sichere Trennung des SELV- bzw. PELV-Stromkreises von allen anderen Stromkreisen gewährleistet.

Aus dieser Beschreibung wird deutlich, dass in üblichen elektrischen Anlagen in der Regel die Schutzmaßnahme *„Schutz durch automatische Abschaltung der Stromversorgung“* angewendet wird. Sie wird im folgenden Abschnitt 1.2 näher beschrieben. Ebenso wird deutlich, dass eine Schutzeinrichtung nur bei dieser Schutzmaßnahme benötigt wird.

Hinweis: Lediglich bei der Schutztrennung für die Versorgung von mehr als einem Verbrauchsmittel wird nach DIN VDE 0100-410, Anhang C, C.3 eine automatische Abschaltung gefordert, für die selbstverständlich auch eine entsprechende Schutzeinrichtung vorgesehen werden muss. Allerdings darf nach DIN VDE 0100-410, Abschnitt 410.3.6 eine Schutztrennung für die Versorgung von mehr als einem Verbrauchsmittel nur angewendet werden, wenn die Anlage unter der Überwachung durch Elektrofachkräfte oder elektrotechnisch unterwiesene Personen steht, sodass unbefugte Änderungen nicht vorgenommen werden können.

1.1.3 Der zusätzliche Schutz

Der zusätzliche Schutz wird in DIN VDE 0100-410, Abschnitt 415 beschrieben. Er kann auf zweierlei Arten ausgeführt werden:

1) Die Stromkreise, in denen ein zusätzlicher Schutz vorgesehen werden soll, werden **„zusätzlich“** durch eine Fehlerstrom-Schutzeinrichtung (RCD) mit einem Bemessungsdifferenzstrom

$I_{\Delta n} \leq 30\,mA$ nach DIN VDE 0100-410, Abschnitt 415.1 geschützt.

2) In dem Bereich (Gebäude, Raum oder Raumabschnitt usw.), in dem der zusätzliche Schutz wirken soll, wird ein „zusätzlicher" Schutzpotentialausgleich nach DIN VDE 0100-410, Abschnitt 415.2 errichtet. Dabei werden über einen Schutzpotentialausgleichsleiter alle leitfähigen und berührbaren Teile in diesem Bereich untereinander sowie mit dem Schutzleiter verbunden.

Im ersten Fall geht es also um eine möglichst frühzeitige Abschaltung, auch bei sehr kleinen Fehlerströmen, und im zweiten Fall geht es darum, dass auch im Fehlerfall keine gefährlichen Potentialdifferenzen durch Personen oder Tiere überbrückt werden können.

Für das Thema dieses Buchs ist natürlich die erste Maßnahme zum zusätzlichen Schutz von Interesse, da hier eine automatische Abschaltung mittels einer Schutzeinrichtung gefordert wird (siehe hierzu Abschnitt 1.3 in diesem Buch).

Der zusätzliche Schutz ist stets eine besondere Maßnahme und muss in einer Norm konkret gefordert werden. Deshalb ist er auch nicht (wie häufig irrtümlich behauptet) die dritte Schutzebene im Sinne einer dritten Schutzvorkehrung der Schutzmaßnahme (Schutz durch automatische Abschaltung der Stromversorgung), weil die „Basis- und Fehlerschutzvorkehrung" (siehe im vorherigen Abschnitt 1.1.2) immer vorgesehen werden müssen.

In DIN VDE 0100-410, Abschnitt 415.1.1 wird der zusätzliche Schutz durch Verwendung einer RCD beschrieben. Dort heißt es wörtlich:

„Das Verwenden von Fehlerstrom-Schutzeinrichtungen (RCDs) mit einem Bemessungsdifferenzstrom, der 30 mA nicht überschreitet, hat sich in Wechselstromsystemen als zusätzlicher Schutz beim Versagen von Vorkehrungen für den Basisschutz und/oder von Vorkehrungen für den Fehlerschutz oder bei Sorglosigkeit durch Benutzer bewährt."

Diese Formulierung zeigt bereits, dass die zuvor beschriebenen Schutzvorkehrungen (Basis- und Fehlerschutz, siehe vorheriger

Abschnitt 1.1.2) in der Regel völlig ausreichen. Wenn jedoch eine besondere oder erhöhte Gefährdung oder eine verringerte Risikobereitschaft vorausgesetzt werden muss, ist ein zusätzlicher Schutz, beispielsweise indem eine Fehlerstrom-Schutzeinrichtung (RCD) vorgesehen wird, sinnvoll. Dieser „Zusatzschutz" wird entweder konkret in einer Norm für bestimmte Betriebsstätten gefordert oder der Betreiber der elektrischen Anlage fordert diese zusätzliche Sicherheit aufgrund seiner Gefährdungsbeurteilung. In DIN VDE 0100-410, Abschnitt 415 wird dies in einer Anmerkung so ausgedrückt:

„Ein zusätzlicher Schutz kann zusammen mit den Schutzmaßnahmen unter bestimmten Bedingungen von äußeren Einflüssen und in bestimmten speziellen Bereichen festgelegt sein [siehe Gruppe 700 der Reihe DIN VDE 0100 (VDE 0100)]."

Hinweis: Unabhängig von Anforderungen aus Normen der Gruppe 700 der Reihe DIN VDE 0100 kann der zusätzliche Schutz durch einen zusätzlichen Schutzpotentialausgleich nach DIN VDE 0100-410, Abschnitt 415.2 auch dann erforderlich werden, wenn bei der Schutzmaßnahme „Schutz durch die automatische Abschaltung der Stromversorgung" die maximalen Abschaltzeiten nicht eingehalten werden können (siehe DIN VDE 0100-410, Abschnitt 411.3.2.6 sowie Abschnitt 1.2.2.3.1 in diesem Buch).

1.2 Schutzeinrichtungen für den Schutz durch automatische Abschaltung der Stromversorgung

1.2.1 Darstellung der Schutzmaßnahme

Wie im vorherigen Abschnitt erläutert, wird für übliche elektrische Anlagen in der Regel für den Schutz gegen elektrischen Schlag die Schutzmaßnahme *„Schutz durch automatische Abschaltung der Stromversorgung"* vorgesehen. Diese Schutzmaßnahme schließt nach DIN VDE 0100-410, Abschnitt 411.1 eine Basisschutzvorkehrung nach DIN VDE 0100-410, Anhang A ein sowie eine Fehlerschutzvorkehrung (siehe Abschnitt 1.1.2 in diesem Buch). Dabei besteht die Fehlerschutzvorkehrung aus zwei separaten und aufeinander bezogenen Teilmaßnahmen

a) Automatische Abschaltung im Fehlerfall und
b) Schutzpotentialausgleich über die Haupterdungsschiene (frühere Bezeichnung war Hauptpotentialausgleich)

1.2.1.1 Die erste Teilmaßnahme der Fehlerschutzvorkehrung

Für die erste Teilmaßnahme wird nach DIN VDE 0100-410, Abschnitt 411.3.1.1 gefordert, dass in jedem Stromkreis ein Schutzleiter vorhanden sein muss, an dem die Körper sämtlicher angeschlossenen Betriebsmittel angeschlossen werden.

Der Schutz, den die erste Teilmaßnahme der Fehlerschutzvorkehrung *„automatische Abschaltung im Fehlerfall"* bieten soll, wird erreicht, indem bei einem Fehler (z. B. Versagen des Basisschutzes) eine Abschaltung des fehlerbehafteten Stromkreises in einer vorgegebenen maximalen Abschaltzeit (t_a) erfolgt. Die Bedingung hierfür ist, dass der Planer bei der vorhandenen Impedanz (in der Regel ist dies Z_S – siehe nachfolgende Beispiele), die den Fehlerstrom begrenzt, eine entsprechende Schutzeinrichtung auswählt, die in der Lage ist, bei diesem Fehlerstrom eine rechtzeitige Abschaltung hervorzurufen:

$$t_{\text{Auslösung}} \leq t_a.$$

Die automatische Abschaltung im Fehlerfall beim TN-System:

In DIN VDE 0100-410, Abschnitt 411.4.4 werden die Anforderungen für die automatische Abschaltung im Fehlerfall in einem TN-System beschrieben:

Die Impedanz der Fehlerschleife (Fehlerschleifenimpedanz Z_S) muss die folgende Anforderung erfüllen:

$$Z_S \leq \frac{U_0}{I_a}$$

Z_S Impedanz der Fehlerschleife bestehend aus der Impedanz
- der Stromquelle,
- des betroffenen Außenleiters von der Stromquelle bis zum Fehlerort,
- des Schutzleiters vom Fehlerort bis zur Stromquelle.

I_a Strom, der bei der gewählten Schutzeinrichtung die automatische Abschaltung innerhalb der in DIN VDE 0100-410, Abschnitt 411.3.2 geforderten maximalen Abschaltzeit (t_a) bewirkt. Wenn eine Fehlerstrom-Schutzeinrichtung (RCD) verwendet wird, kann I_a mit $I_{\Delta N}$ gleichgesetzt werden.

U_0 Nennwechselspannung oder Nenngleichspannung Außenleiter gegen Erde

Die automatische Abschaltung im Fehlerfall beim TT-System:

In DIN VDE 0100-410, Abschnitt 411.5.3 werden die Anforderungen für die automatische Abschaltung im Fehlerfall in einem TT-System beschrieben. Wenn als Schutzeinrichtung eine Fehlerstrom-Schutzeinrichtung vorgesehen wird, lautet die hauptsächliche Anforderung:

$$R_A \leq \frac{50\,\text{V}}{I_{\Delta N}}$$

R_A Summe der folgenden Widerstände in Ω:
Widerstand des Anlagenerders und des Schutzleiters zwischen dem angeschlossenen Körper eines Betriebsmittels und dem Anlagenerder

$I_{\Delta N}$ Bemessungsdifferenzstrom der Fehlerstrom-Schutzeinrichtung (RCD) in A

Wenn als Schutzeinrichtung eine übliche Überstrom-Schutzeinrichtung verwendet werden soll, lautet die hauptsächliche Anforderung nach DIN VDE 0100-410, Abschnitt 411.5.4:

$$Z_S \leq \frac{U_0}{I_a}$$

Z_S Impedanz der Fehlerschleife bestehend aus der Impedanz
- der Stromquelle,
- des betroffenen Außenleiters von der Stromquelle bis zum Fehlerort,
- des Schutzleiters vom Fehlerort bis zur Haupterdungsschiene im Gebäude,
- des Anlagenerders R_A (hier wird mit R_A lediglich die Impedanz/der Widerstand des Anlagenerders einschließlich der Impedanz des Erdungsleiters von der Haupterdungsschiene bis zum Erder bezeichnet),
- des Betriebserders der Stromquelle R_B.

I_a Strom, der bei der gewählten Schutzeinrichtung die automatische Abschaltung innerhalb der in DIN VDE 0100-410, Abschnitt 411.3.2 geforderten maximalen Abschaltzeit (t_a) bewirkt

U_0 Nennwechselspannung oder Nenngleichspannung Außenleiter gegen Erde

Wenn im ersten Fall der Widerstand des Anlagenerders R_A schwer zu ermitteln ist, darf nach Abschnitt 411.5.3 der Norm auch in der ersten Gleichung hierfür Z_S eingesetzt werden:

$$Z_S \leq \frac{50\,V}{I_{\Delta N}}$$

Diese Vereinfachung ist dem Gedanken geschuldet, dass die hauptsächlichen Anteile der Fehlerschleifenimpedanz Z_S im TT-System die beiden Erdungswiderstände R_A und R_B sind (siehe **Bild 1.1**). Dabei wird davon ausgegangen, dass R_B deutlich kleiner ist als R_A. Der Fehler, der durch diese Vereinfachung gemacht wird, ist also gering und liegt zudem auf der sicheren Seite, denn wenn die Bedingung beim größeren Wert Z_S eingehalten wird, so wird dies beim kleineren Wert R_A erst Recht der Fall sein.

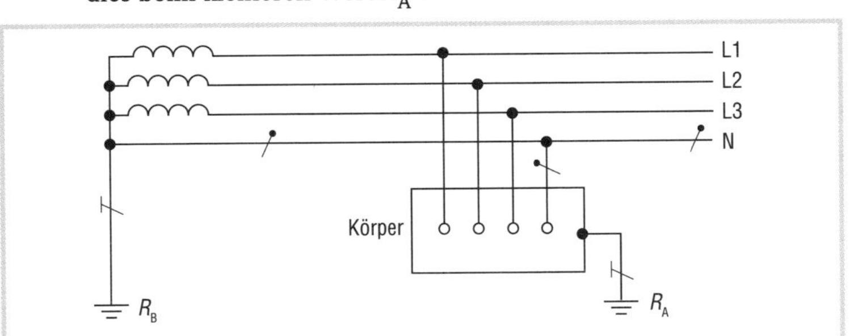

Bild 1.1 *Skizzenhafte Darstellung eines TT-Systems*
Der Anlagenerder R_A ist ein Schutzerder, dessen Widerstand wie der des Betriebserders R_B Teil der Fehlerschleifenimpedanz ist. Die Fehlerschleifenimpedanz Z_S besteht im TT-System also im Wesentlichen aus diesen beiden Erdungswiderständen.

Die automatische Abschaltung im Fehlerfall beim IT-System:

Beim IT-System sind die Verhältnisse etwas komplexer. Das IT-System wird isoliert betrieben. Bei einem ersten Isolationsfehler wird zwar das elektrische Potential des fehlerbehafteten Außenleiters auf die Fehlerstelle (z. B. auf den Schutzleiter oder auf den Körper eines Betriebsmittels) übertragen, doch weil der Neutralpunkt der Spannungsquelle (z. B. des einspeisenden Transformators) isoliert ist, fehlt das zweite Potential, sodass keine gefährliche Potentialdifferenz (also keine gefährliche Berührungsspannung) entstehen kann. Eine Abschaltung bei einem ersten Isolationsfehler ist im IT-System deshalb nicht vorgesehen. Allerdings wird dieser erste Fehler durch eine Isolationsüberwachung (IMD) registriert und gemeldet.

Erst ein zweiter Fehler kann eine Gefahr hervorrufen, weil in diesem Fall die Potentiale von zwei verschiedenen Außenleitern oder eines Außenleiters und des Neutralleiters auftreten. Die dadurch entstehende Potentialdifferenz bildet eine gefährliche Berührungsspannung und muss deshalb vermieden werden.

Für den Fall, dass ein zweiter Fehler vorkommt, müssen nach DIN VDE 0100-410, Abschnitt 411.6.4 folgende Anforderungen erfüllt werden:

Ohne einen mitgeführten Neutralleiter gilt:

$$Z_S \leq \frac{U}{2 \cdot I_a}$$

Wenn der Neutralleiter mitgeführt wird gilt:

$$Z_S' \leq \frac{U_0}{2 \cdot I_a}$$

Z_S Impedanz der Fehlerschleife, bestehend aus dem Außenleiter und dem Schutzleiter des Stromkreises

Z_S' Impedanz der Fehlerschleife, bestehend aus dem Neutralleiter und dem Schutzleiter des Stromkreises

I_a Strom, der bei der gewählten Schutzeinrichtung die automatische Abschaltung innerhalb der in DIN VDE 0100-410, Abschnitt 411.3.2 geforderten maximalen Abschaltzeit (t_a) bewirkt

U Nennwechselspannung zwischen Außenleitern

U_0 Nennwechselspannung zwischen Außenleiter und Neutralleiter

Der Faktor 2 unter dem Bruchstrich ergibt sich aus der Tatsache, dass beim Doppelfehler in der Regel zwei Stromkreise betroffen sein können und der Fehlerstrom deshalb den doppelten Weg zurücklegen muss. Die treibende Spannung (U oder U_0) fällt also für die Impedanz Z_S bzw. Z_S' nur zur Hälfte an (oder anders ausgedrückt: Z_S bzw. Z_S' wirkt doppelt).

Wenn die Körper gruppenweise oder einzeln geerdet sind, gilt die folgende Bedingung:

$$R_A \leq \frac{50\,\text{V}}{I_a}$$

R_A Summe der Widerstände in Ω des Erders und des Schutzleiters der Körper

I_a Strom, der bei der gewählten Schutzeinrichtung die automatische Abschaltung innerhalb der in DIN VDE 0100-410, Abschnitt 411.3.2 geforderten maximalen Abschaltzeit (t_a) bewirkt

1.2.1.2 Die zweite Teilmaßnahme der Fehlerschutzvorkehrung

Die zweite Teilmaßnahme wird häufig missverstanden und leider auch in manchen Fachbüchern missverständlich beschrieben. Falsch ist, dass der Schutzpotentialausgleich die automatische Abschaltung im Fehlerfall beeinflussen soll (z. B. indem die Fehlerschleifenimpedanz in einem TN-System verkleinert wird, um eine schnellere Abschaltung zu bewirken). Dass eine Beeinflussung im TN-System stattfindet, ist unbestritten, aber sie ist erstens derart marginal und damit kaum der Rede wert und zweitens muss die automatische Abschaltung nach Norm im TN-System die festgelegten Anforderungen mit und ohne einen parallelen Stromweg über das Erdreich erfüllen. Aus den Anforderungen für den Schutz durch automatische Abschaltung im Fehlerfall (siehe den vorherigen Abschnitt 1.2.1.1) geht klar hervor, welche Impedanzen in der Fehlerschleifenimpedanz enthalten sind. Von einer Parallelführung des PEN-Leiters über das Erdreich ist dabei keine Rede.

→ **Beispiel im TN-System:**
Wie im vorigen Abschnitt 1.2.1.1 dieses Buchs bereits erläutert, wird die hauptsächliche Anforderung an die „automatische Abschaltung im Fehlerfall“ mit folgender Formel beschrieben:

$$Z_S \leq \frac{U_0}{I_a}$$

Die Fehlerschleifenimpedanz Z_S wird hierbei exakt mit allen Bestandteilen angegeben. Ihr Wert darf ohne Unterstützung durch irgendwelche Parallelwege (z. B. über Erdungs- und Potentialausgleichssysteme und/oder über das Erdreich) einen Maximalwert nicht überschreiten, weil sonst die Abschaltung in der geforderten maximalen Abschaltzeit (t_a) nicht möglich ist.

Dies gilt modifiziert natürlich auch für die übrigen Netzsysteme.

Die Aufgabe der zweiten Teilmaßnahme der Fehlerschutzvorkehrung ist dagegen eine andere: Sie soll die berührbare Spannung an der Fehlerstelle, die bei einem Körperschluss auftritt und bis zur Abschaltung ansteht, reduzieren. Zusammenfassend kann gesagt werden:

Der Schutzpotentialausgleich über die Haupterdungsschiene nach DIN VDE 0100-410, Abschnitt 411.3.1.2 ist eine Teilmaßnahme der Fehlerschutzvorkehrung. Er hat die Aufgabe, eine immer noch zu hohe Berührungsspannung bei einem Körperschluss zu verringern, damit in der Zeit, die die erste Teilmaßnahme (automatische Abschaltung im Fehlerfall) zur Abschaltung benötigt, keine gefährlichen Körperströme entstehen können.

Bild 1.2 und **1.3** zeigen die Wirkung: Das Potential P 1.2 in Bild 1.2 kann im Fehlerfall (Schluss zwischen Außenleiter L1 und Körper des defekten Gerätes G) berührt werden. Der Wasserhahn führt das Potential P 1.0; er hat Verbindung mit der neutralen Erde und nimmt deshalb das Potential des Transformator-Sternpunkts (P 1.1) an. Das bedeutet

P 1.1 = P 1.0.

Weiterhin bedeutet dies, dass die dargestellte Person die halbe Strangspannung als Berührungsspannung (U_b) abgreift (soweit die Leiterquerschnitte von L1 und PEN gleich sind):

$$U_0/2 \approx U_b \approx 115\,V$$

Wird, wie im Bild 1.3 dargestellt, ein Schutzpotentialausgleich vorgesehen, ergibt sich am Wasserrohr W das Potential P 2.1, das zugleich identisch ist mit dem Potential des defekten Gerätes G (P 2.2 im Bild 1.3). Damit würde die Berührungsspannung kurzgeschlossen ($U_b \approx 0\,V$).

Allerdings wird in der Realität der Schutzpotentialausgleichsleiter nicht direkt mit dem Gerät, sondern mit der Haupterdungsschie-

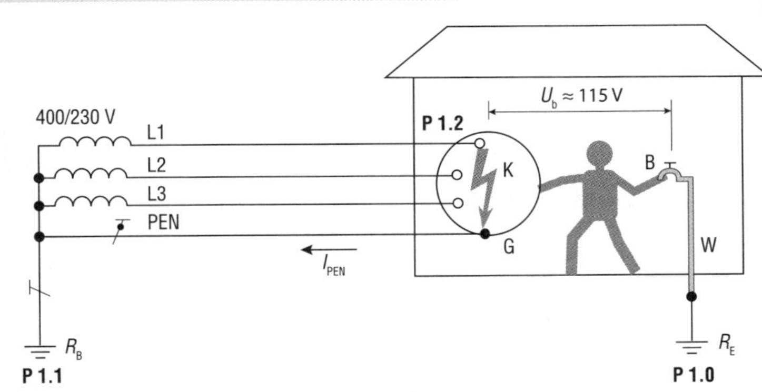

Bild 1.2 *Beispielhafte Darstellung für die Entstehung der Berührungsspannung im Fehlerfall ohne einen Schutzpotentialausgleich über die Haupterdungsschiene*

K Körperschluss

B Berührungspunkt am Wasserhahn

G defektes Gerät

W Wasseranschluss/Wasserhahn

R_E Erdungswiderstand der Wasserleitung

R_B Erdungswiderstand der Spannungsquelle/des Transformators

I_{PEN} Fehlerstrom – hier über den PEN-Leiter

P 1.0, P 1.1 und P 1.2 werden im Text erläutert

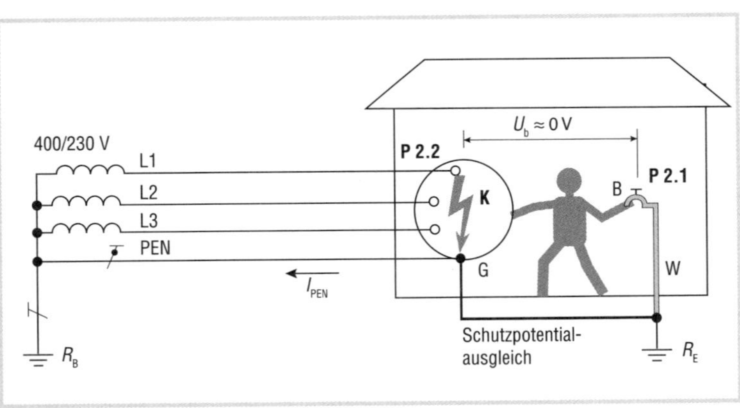

Bild 1.3 *Beispielhafte Darstellung für die Entstehung der Berührungsspannung im Fehlerfall mit einem Schutzpotentialausgleich über die Haupterdungsschiene*

Legende – siehe im Bild 1.2

P 2.1 und P 2.2 werden im Text erläutert

ne verbunden. Dadurch würde auch mit dem Schutzpotentialausgleich noch eine Berührungsspannung anfallen ($U_b > 0\,V$), die, wie im **Bild 1.4** dargestellt, dem Spannungsfall am Schutzleiter PE entspricht. Dieser Spannungsfall wird durch den Fehlerstrom I_F hervorgerufen, der über den Schutzleiter PE vom defekten Gerät zum Anschlusspunkt an der Haupterdungsschiene (bzw. zu einem mit der Haupterdungsschiene verbundenen Anschlusspunkt) fließt. Im Bild 1.4 wird auch sichtbar, dass das Potential

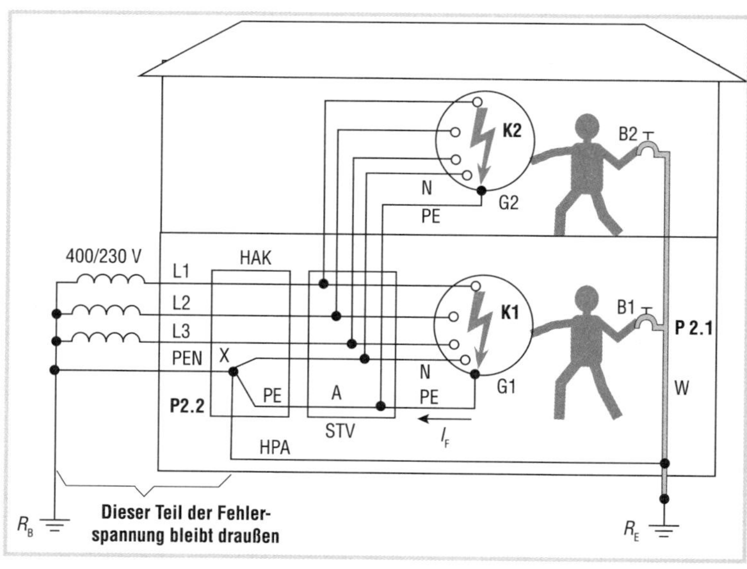

Bild 1.4 *Beispielhafte Darstellung für die Entstehung der Berührungsspannung über dem Schutzleiter PE im Fehlerfall*

K1, K2 stellen mögliche Fehler dar
A Anschluss des Schutzleiters PE an die PE-Schiene im Stromkreisverteiler
HAK Hausanschlusskasten
HPA Schutzpotentialausgleich über die Haupterdungsschiene
STV Stromkreisverteiler
X Anschlusspunkt im HAK, der mit der Haupterdungsschiene verbunden ist, bzw. der das Potential der Haupterdungsschiene angenommen hat
I_F Fehlerstrom – hier über den Schutzleiter PE im Gebäude
P 2.1 elektrisches Potential am Ort der Berührung B1
P 2.2 elektrisches Potential am Anschlusspunkt X
übrige Legende siehe Bild 1.2 und 1.3

des Berührungspunktes B1 (P 2.1) mit dem Potential der Haupterdungsschiene am Punkt X (P 2.2) kurzgeschlossen wurde (P 2.1 = P 2.2). Die verbleibende Berührungsspannung U_b kann deshalb mit folgender Formel angegeben werden:

$$U_b = I_F \cdot R_{PE}$$

I_F Fehlerstrom, der durch den Körperschluss am defekten Gerät entsteht und über den Schutzleiter im Stromkreis zurückfließt

R_{PE} Widerstand des Schutzleiters PE vom defekten Gerät bis zu einem Punkt, der, wie im Bild 1.4 skizzenhaft dargestellt, direkt mit der Haupterdungsschiene verbunden ist. Im Bild 1.4 ist dies die Strecke vom Gerät G bis zum Punkt X.

Feldmessungen haben gezeigt, dass z. B. im TN-System eine mögliche Berührungsspannung im Fehlerfall von ca. 115 V durch den Schutzpotentialausgleich in der Regel auf unter 90 V gesenkt wird (siehe z. B. *Biegelmeier, G., Kiefer, G., Krefter, K.-H.:* „Schutz in elektrischen Anlagen", VDE Schriftenreihe Band 84).

1.2.1.3 Zusammenfassung

Zusammenfassend kann gesagt werden, dass die Fehlerschutzvorkehrung wirksam ist, wenn nach der ersten Teilmaßnahme eine Abschaltung in einer vorgegebenen Zeit stattfindet und gleichzeitig nach der zweiten Teilmaßnahme die Berührungsspannung vom Eintritt des Fehlers bis zur Abschaltung durch den Schutzpotentialausgleich verringert wird.

1.2.2 Darstellung der Schutzeinrichtung

1.2.2.1 Die Abschaltzeit als hauptsächliche Anforderung

Aus dem bisher Gesagten geht hervor, dass die Aufgabe einer Schutzeinrichtung beim Schutz gegen elektrischen Schlag lediglich darin besteht, eine rechtzeitige Abschaltung zu gewährleisten. Von einer Begrenzung der Berührungsspannung bei der Schutzmaßnahme „Schutz durch automatische Abschaltung der Stromversorgung" ist nach DIN VDE 0100-410 dagegen keine Rede. Auch eine maximale Höhe des Fehlerstroms wird nicht erwähnt. Die Vorgabe in DIN VDE 0100-410, Abschnitt 411.3.2 ist allein die einzuhaltende Abschaltzeit t_a. Diese maximale Abschaltzeit für Endstromkreise wird in DIN VDE 0100-410, Tabelle 41.1 angegeben. Die dort angegebenen Werte gelten

- für Steckdosenstromkreise bis 63 A und
- für fest angeschlossene Verbrauchsmittel bis 32 A.

In typischen Netzsystemen mit einer Nennspannung von AC 400 V/230 V beträgt die maximale Abschaltzeit

- in TN-Systemen 0,4 s und
- in TT-Systemen 0,2 s.

Für Verteilerstromkreise und sämtliche Stromkreise mit höheren Nennströmen als 63 A bzw. 32 A gilt eine maximale Abschaltzeit

- in TN-Systemen von 5 s (nach DIN VDE 0100-410, Abschnitt 411.3.2.3) und
- in TT-Systemen von 1 s (nach DIN VDE 0100-410, Abschnitt 411.3.2.4).

1.2.2.2 Allgemeine Anforderungen an Schutzeinrichtungen

Die Anforderungen an eine Schutzeinrichtung für den Personenschutz sind nach DIN VDE 0100-410 klar festgelegt. Unabhängig davon, in welchem Netzsystem die Schutzeinrichtung eingesetzt werden soll, muss sie die folgenden grundsätzlichen Anforderungen erfüllen:

1) Die maximale Abschaltzeit (t_a) nach DIN VDE 0100-410, Abschnitt 411.3.2 muss eingehalten werden (siehe die Ausführungen im vorherigen Abschnitt dieses Buchs).
2) Die Schutzeinrichtung muss Trenneigenschaften nach DIN VDE 0100-530, Abschnitt 537 besitzen.

Bezüglich der Trenneigenschaften müssen im Zweifelsfall Herstellerangaben beachtet werden. Darüber hinaus geben Hersteller in der Regel auf ihren Schaltgeräten mit einem Symbol an, ob die geforderten Trenneigenschaften eingehalten werden (siehe **Bild 1.5** in diesem Buch). In DIN VDE 0100-530 findet man im Anhang B eine Tabelle B.1, in der zum Trennen und betriebsmäßigen Schalten geeignete Geräte gelistet sind. Die meisten Schaltgeräte mit Trenneigenschaften können aus dieser Tabelle entnommen werden.

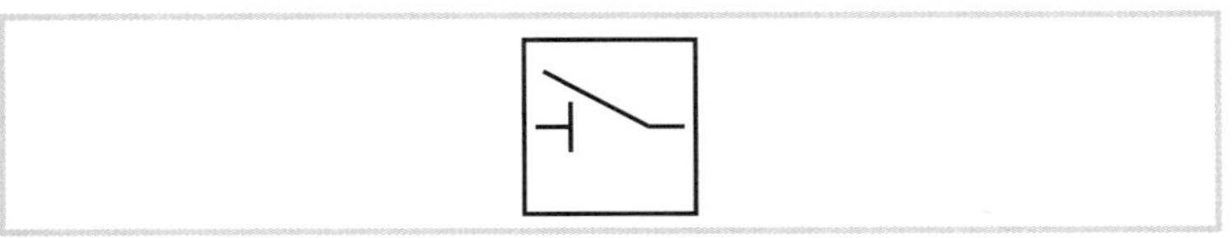

Bild 1.5 *Symbol für ein Gerät mit Trenneigenschaften nach IEC 60417*

Pauschal kann gesagt werden, dass in allen Netzsystemen die folgenden Schutzeinrichtungen verwendet werden dürfen:

- Überstrom-Schutzeinrichtungen (z. B. Leitungsschutzschalter oder Sicherungen),
- Fehlerstrom-Schutzeinrichtungen (RCDs) und
- Leistungsschalter mit Fehlerstromauslösung (CBR) – z. B. für Betriebsströme > 125 A.

Sie besitzen zum einen die geforderten Trenneigenschaften, und zum anderen ist es möglich, mit ihnen (bei korrekter Auswahl) die geforderte maximale Abschaltzeit (t_a) einzuhalten.

Anmerkungen zu Sicherungen:
In diesem Zusammenhang taucht immer wieder die Frage auf, ob Sicherungen (Schmelzsicherungen) noch als Schutzeinrichtungen für die automatische Abschaltung im Fehlerfall vorgesehen werden dürfen. Die Frage ist berechtigt, weil zuvor (sowie auch in der Norm) lediglich von Überstrom-Schutzeinrichtungen die Rede ist, zu denen auch Schmelzsicherungen gehören.
Der Einsatz von Schmelzsicherungen ist natürlich seit Einführung der Leitungsschutzschalter (LS-Schalter) stark zurückgegangen. Die Vorteile von LS-Schaltern liegen selbstverständlich auf der Hand und müssen nicht besonders betont oder beschrieben werden. Deshalb liegt der Gedanke nahe, ein grundsätzliches Verbot von Schmelzsicherungen zu vermuten, wenn es z. B. um den Personenschutz (Schutz gegen elektrischen Schlag) sowie um Verfügbarkeit geht. Diese Frage muss allerdings so pauschal, wie sie gestellt wird, zunächst verneint werden. Sowohl in VDE 0100-410 als auch in VDE 0100-530 wird, wie schon zuvor betont, lediglich ganz allgemein von „Überstrom-Schutzeinrichtungen“ gesprochen. Sicherungen werden damit nicht automatisch ausgeschlossen.

Einschränkungen gibt es allerdings im privaten Wohnungsbau und Kleingewerbe bzw. überall dort, wo die „Technischen Anschlussbedingungen (TAB)“ der Netzbetreiber angewendet werden müssen. Vor allem gilt dies für Gebäude, in denen Anforderungen aus DIN 18015-1 beachtet werden sollen. Folgende Einschränkungen werden für diese Bereiche erwähnt:

a) In VDE-AR-N 4100, Abschnitt 7.5 wird verboten, Hausanschlusssicherungen als Trenneinrichtung für die Kundenanlage vorzusehen. Nach den TAB sind die Anforderungen dieser VDE-Anwendungsregel verbindlich.

b) In TAB, Abschnitt 8 wird zwar kein direktes Verbot von Sicherungen erwähnt; allerdings werden bei der Erwähnung von Schutzeinrichtungen ausschließlich Leitungsschutzschalter und Fehlerstrom-Schutzeinrichtungen aufgezählt.

c) In DIN 18015-1, Abschnitt 5.2.1 wird Folgendes gefordert: *„Als Überstrom-Schutzeinrichtungen für Beleuchtungs- und Steckdosenstromkreise sind Leitungsschutzschalter (LS) oder Fehlerstrom-Schutzschalter mit eingebautem Überstromschutz (FI/LS-Schalter) vorzusehen.“*

Zusammenfassend kann gesagt werden, dass im privaten Wohnungsbau und Kleingewerbe Sicherungen als Schutzeinrichtungen für den Fehlerschutz nach DIN VDE 0100-410 nicht mehr verwendet werden. Allerdings sollten auch dort, wo kein direktes Verbot erwähnt wird, Sicherungen als Schutzeinrichtung für den Schutz gegen elektrischen Schlag zu verwenden, in Endstromkreisen mit Nennströmen bis 63 A statt Schmelzsicherungen

- LS-Schalter,
- Leistungsschalter oder
- Fehlerstrom-Schutzeinrichtungen (RCD)

als Fehlerschutzvorkehrung vorgesehen werden. Im industriellen und gewerblichen Bereich werden in Endstromkreisen schon aus Gründen der Verfügbarkeit überwiegend LS-Schalter, Leistungsschalter oder Fehlerstrom-Schutzeinrichtungen (RCD) für die Fehlerschutzvorkehrung (automatische Abschaltung im Fehlerfall) vorgesehen.

1.2.2.3 Die Schutzeinrichtungen für den Fehlerschutz im TN-System

Als Schutzeinrichtungen für die Fehlerschutzvorkehrung sind im TN-System nach Norm folgende Einrichtungen erlaubt:

- Überstrom-Schutzeinrichtungen,
- Fehlerstrom-Schutzeinrichtungen (RCDs) und
- Leistungsschalter mit Fehlerstromauslösung (CBR).

1.2.2.3.1 Leitungsschutzschalter (LS-Schalter)

Für den Personenschutz nach DIN VDE 0100-410 sind im TN-System zunächst üblich Überstrom-Schutzeinrichtungen (z. B. LS-Schalter) völlig ausreichend, sofern bei der Auswahl die Anforderungen bezüglich der automatischen Abschaltungen (siehe Abschnitte 1.2.1.1 und 1.2.2.1 in diesem Buch) sowie bezüglich eines ausreichenden Schaltvermögens (siehe Abschnitt 2.1.3 in diesem Buch) beachtet werden.

Wie im vorherigen Abschnitt 1.2.1.1 bereits angegeben, wird für die Einhaltung der maximal geforderten Abschaltzeit (t_a) nach DIN VDE 0100-410, Abschnitte 411.4.2.2 und 411.4.2.3 der Maximalwert der Schleifenimpedanz durch folgende Bedingung festgelegt:

$$Z_S \leq \frac{U_0}{I_a}$$

Da der Strom, der eine rechtzeitige Auslösung verursacht, durch die Abschaltcharakteristik der Schutzeinrichtung festgelegt ist, kann für den Maximalwert der Schleifenimpedanz in üblichen Niederspannungsanlagen (400/230 V, 50 Hz) bei Verwendung eines LS-Schalters und ohne Berücksichtigung der Temperaturerhöhung im Leiter, die durch das Fließen des Fehlerstroms hervorgerufen wird, Folgendes ausgesagt werden:

$$Z_S \leq \frac{46\,V}{I_n}$$ bei einem LS-Schalter, Typ B,

$$Z_S \leq \frac{23\,V}{I_n}$$ bei einem LS-Schalter, Typ C,

$$Z_S \leq \frac{11{,}5\,V}{I_n}$$ bei einem LS-Schalter, Typ D.

Z_S Maximale Fehlerschleifenimpedanz ohne Berücksichtigung der Temperaturerhöhung durch den fließenden Fehlerstrom. Dieser Wert von Z_S ist notwendig, damit ein genügend hoher Fehlerstrom fließen kann, der bei der gewählten Schutzeinrichtung eine sichere Abschaltung in einer Zeit $\leq t_a$ gewährleistet.

I_n Nennstrom des LS-Schalters

Beispiel:
Für die Fehlerschutzvorkehrung (automatische Abschaltung im Fehlerfall) soll ein LS-Schalter, Typ C mit einem $I_n = 25\,A$ eingesetzt werden. Dadurch ergibt sich für die maximale Schleifenimpedanz (ohne Berücksichtigung der Temperaturerhöhung im Fehlerfall):

$$Z_S \leq \frac{23\,V}{25\,A} = 0{,}92\,\Omega$$

Allerdings muss die Temperaturerhöhung im Leiter, die beim Fließen des Fehlerstroms unweigerlich auftritt, berücksichtigt werden, um eine sichere Abschaltung zu gewährleisten. In Bezug auf die Prüfung der Wirksamkeit dieser Schutzvorkehrung muss zudem nach DIN VDE 0100-600 eine gewisse Messunsicherheit eingerechnet werden.

Die messtechnisch nachzuweisenden Maximalwerte für die Schleifenimpedanz bei LS-Schaltern, Typ B und C unter Berücksichtigung der Betriebsmessunsicherheit nach DIN EN 61557 (VDE 0413-1) und einer Temperaturerhöhung beim Auftreten des Fehlerstroms wird in der **Tabelle 1.1** in diesem Buch zusammengefasst. Werden beim gewählten LS-Schalter höhere Schleifenimpedanzwerte als die in Tabelle 1.1 erwartet oder nach Fertigstellung gemessen, muss die Auswahl der Schutzeinrichtung überdacht werden; gegebenenfalls muss ein höherer Leitungsquerschnitt gewählt bzw. neu verlegt werden.

Nennstrom in A	maximale Schleifenimpedanzwerte für die automatische Abschaltung im Fehlerfall in mΩ	
	LS-Schalter Typ B	LS-Schalter Typ C
10	3.067	1.533
13	2.359	1.179
16	1.917	959
20	1.533	767
25	1.227	613
32	959	479
40	767	383
50	613	307
63	487	243
Die angegebenen Werte berücksichtigen eine Temperaturerhöhung im Fehlerfall sowie eine messtechnisch bedingte Betriebsmessunsicherheit nach VDE 0413-1. Der messtechnische Nachweis für diesen maximalen Schleifenimpedanzwert muss an der entferntesten Stelle des Stromkreises geführt werden.		

Tabelle 1.1 *Maximale Werte für die Schleifenimpedanz bei Verwendung von LS-Schaltern Typ B und C zum Schutz durch automatische Abschaltung der Stromversorgung nach DIN VDE 0100-410. Dieser Wert müsste messtechnisch bei der Abnahmeprüfung nach DIN VDE 0100-600 ermittelt werden. Bei den angegebenen Werten wurden folgende Vorgaben berücksichtigt:*

- *Nennspannung U_0 = AC 230V (Außenleiter gegen Erdpotential)*
- *Faktor für die Berücksichtigung der Betriebsmessunsicherheit und Temperaturerhöhung: 0,67 nach DIN VDE 0100-600, Anhang D, Abschnitt D.6.4.3.7.2*

Für übliche Leiterquerschnitte werden die maximal möglichen Leitungslängen eines Endstromkreises bei Verwendung von LS-Schaltern in **Tabelle 1.2** aufgeführt. Dabei wird vorausgesetzt, dass bis zum Ort, an dem der LS-Schalter vorgesehen wurde, eine Schleifenimpedanz von 300 mΩ vorhanden ist.

Wie den Werten der Tabelle 1.2 zu entnehmen ist, dürfte es für LS-Schalter Typ B in den allermeisten Gebäuden bzw. für übliche Anwendungsfälle beim TN-System in der Regel keine Einschränkungen geben. Für LS-Schalter Typ C kann dies so pauschal bis zu einer Leitungslänge von 30 m auch gesagt werden (abgesehen von LS-Schaltern Typ C 63 A). Wenn ein Spannungsfall berücksichtigt werden muss, wird ohnehin beim LS-Schalter Typ B der Wert, der sich z. B. aus einer Spannungsfallberechnung ergibt, kleiner ausfallen als die entsprechenden Werte aus Tabelle 1.2. Letzteres kann vom Typ C allerdings so nicht pauschal gesagt werden.

Nennstrom in A	maximale Kabel-/Leitungslänge (l_{max}) für die automatische Abschaltung der Stromversorgung in m	
	LS-Schalter Typ B	LS-Schalter Typ C
10[a]	141	65
13[b]	118/176	46/57
16[b]	84/138	36/61
20[c]	107	45
25[d]	83/133	33/53
32[e]	98/148	36/54
40[f]	110/186	35/59
50[g]	135/215	33/53
63[h]	94/149/198	11/18/32

a Für Leitungsquerschnitt 1,5 mm^2
b Für Leitungsquerschnitte 1,5 mm^2/2,5 mm^2
c Für Leitungsquerschnitt 2,5 mm^2
d Für Leitungsquerschnitte 2,5 mm^2/4 mm^2
e Für Leitungsquerschnitte 4 mm^2/6 mm^2
f Für Leitungsquerschnitte 6 mm^2/10 mm^2
g Für Leitungsquerschnitte 10 mm^2/16 mm^2
h Für Leitungsquerschnitte 10 mm^2/16 mm^2/25 mm^2

Tabelle 1.2 *Maximale Werte für die Kabel-/Leitungslänge (l_{max}) eines Stromkreises bei Verwendung von LS-Schaltern Typ B und C zum Schutz durch automatische Abschaltung der Stromversorgung nach DIN VDE 0100-410 bei Berücksichtigung folgender Vorgaben:*

- *Die Nennspannung U_0 = AC 230 V (Außenleiter gegen Erdpotential).*
- *Der Spannungsfall wird nicht berücksichtigt.*
- *Die Schleifenimpedanz bis zum LS-Schalter beträgt 300 mΩ.*
- *Die Längenangabe l_{max} bezieht sich auf die Kabel /Leitungslänge des Endstromkreises vom LS-Schalter bis zum Anschlussunkt des Verbrauchsmittels bzw. bis zur Steckdose.*
- *Die angegebenen Werte für die Leiterquerschnitte entsprechen einer typischen Auswahl für übliche Verlegearten. Für größere Querschnitte und andere Verlegearten sind gesonderte Betrachtungen notwendig, z. B. mithilfe von DIN VDE 0100 Bbl 5 (VDE 0100 Bbl 5).*

Ist die Leitungslänge und damit der Schleifenwiderstand zu groß, muss für die Fehlerschutzvorkehrung eine Fehlerstrom-Schutzeinrichtung (RCD) vorgesehen werden. Eine Alternative wird in DIN VDE 0100-410, Abschnitt 411.3.2.6 allerdings noch erwähnt: Wenn der Schutz durch eine RCD aus irgendwelchen Gründen nicht gewünscht oder nicht möglich ist, muss im Betriebsbereich des entsprechenden Endstromkreises ein zusätzlicher Schutzpotentialausgleich nach DIN VDE 0100-410, Abschnitt 415.2 errichtet werden (siehe Abschnitt 1.1.3 in diesem Buch).

1.2.2.3.2 Fehlerstrom-Schutzeinrichtung (RCD)

In diesem Abschnitt geht es ausschließlich um die Fehlerschutzvorkehrung „Schutz durch automatische Abschaltung im Fehlerfall“ (siehe Abschnitt 1.2.1.1 in diesem Buch), für die es keine pauschale Vorgabe für die Höhe des Bemessungsdifferenzstroms $I_{\Delta n}$ der RCD gibt.

Häufig wird eine RCD für die Fehlerschutzvorkehrung eingesetzt, wenn der Betreiber der elektrischen Anlage ein höheres Sicherheitsbedürfnis hat. Auch wenn die geforderte maximale Abschaltzeit (t_a) durch eine übliche Überstrom-Schutzeinrichtung (z.B. LS-Schalter) nicht erreicht wird, kann eine Fehlerstrom-Schutzeinrichtung (RCD) vorgesehen werden, mit der die Einhaltung der Abschaltzeit im TN-System in der Regel möglich ist. Eine Überstrom-Schutzeinrichtung ist dadurch selbstverständlich nicht überflüssig, da sie zum Schutz bei Überstrom nach DIN VDE 0100-430 erforderlich bleibt (siehe Abschnitt 2.1 in diesem Buch).

Die Funktion von RCDs wird in zahlreichen Veröffentlichungen und Herstellerinformationen beschrieben und dürfte bekannt sein. In Kurzfassung kann man hierzu festhalten, dass alle aktiven Leiter (die drei Außenleiter und der Neutralleiter) eines Stromkreises an der Eingangsseite der RCD angeschlossen werden. Im Innern werden sie durch einen Summenstromwandler geführt. Ist die Stromsumme aller aktiven Leiter gleich Null, so gilt dies auch für die Summe der magnetischen Induktionen, die durch diese Ströme hervorgerufen werden. Fließt jedoch ein Strom aus irgendeinem Grund (z.B. über eine Isolationsfehlerstelle) von den aktiven Leitern über fremde leitfähige Teile, über Potentialausgleichsleiter oder über den Schutzleiter des Stromkreises usw. zurück zur Stromquelle, so ist die Stromsumme und damit die magnetische Induktion im Summenstromwandler nicht mehr Null. Dadurch wird eine magnetische Induktion im Summenstromwandler hervorgerufen. Diese magnetische Induktion induziert in eine Spule, die sich auf dem Summenstromwandler befindet, eine Spannung, die einen Auslösestrom hervorruft, der auf einen Auslösemechanismus für die Abschaltung der RCD wirkt.

Die hauptsächlichen Auswahlkriterien bei Fehlerstrom-Schutzeinrichtungen (RCDs) sind Folgende:

a) Separate RCD und FI/LS-Schalter

Separate Fehlerstrom-Schutzeinrichtungen (RCDs) werden den Überstrom-Schutzeinrichtungen vorgeschaltet. RCDs können nach VDE 0100-530, Abschnitt 531.3.5.2 mehrere parallele Stromkreise schützen, sofern Selektivität oder eine besondere Versorgungssicherheit der angeschlossenen Stromkreise nicht berücksichtigt werden muss. Im privaten Wohnungsbau wird in DIN 18015-1, Abschnitt 5.2.3 bewusst darauf hingewiesen, dass durch eine Ausschaltung nur ein möglichst kleiner Teil der Anlage betroffen sein darf.

Hinweis: Bei der beschriebenen Konstellation (eine separate RCD schützt mehrere Stromkreise, die jeweils durch einen LS-Schalter geschützt sind) ist es ebenso möglich, dass die vorgeschaltete Fehlerstrom-Schutzeinrichtung (RCD) brandschutztechnische Aufgaben übernimmt (siehe Abschnitt 2.2.1 in diesem Buch), während die nachgeschalteten LS-Schalter die Funktion der Fehlerschutzvorkehrung übernehmen.

Alternativ dazu können auch FI/LS-Schalter vorgesehen werden, bei denen eine RCD und ein LS-Schalter eine Geräteeinheit bilden. Mit diesen kombinierten Schutzeinrichtungen können sämtliche Bedingungen zum Schutz gegen elektrischen Schlag und eine hohe Verfügbarkeit aller angeschlossenen Geräte gewährleistet werden.

b) Die Höhe des Bemessungsdifferenzstroms $I_{\Delta n}$

In diesem Zusammenhang werden immer wieder irrtümliche Anforderungen ins Spiel gebracht. So wird beispielsweise behauptet, dass auf alle Fälle eine RCD mit einem Bemessungsdifferenzstrom ($I_{\Delta n}$) von maximal 30 mA vorgesehen werden muss, weil es schließlich um den Personenschutz geht. Doch diese Aussage ist falsch, denn auch die automatische Abschaltung mittels LS-Schalter ist eine Personenschutzmaßnahme. Wenn eine RCD als Fehlerschutzvorkehrung vorgesehen wird, weil dies z. B. in einem TT-System erforderlich ist oder weil in einem TN-System die maximale Abschaltzeit mit einem LS-Schalter nicht erreicht werden kann (z. B. wenn die Leitungslängen im Stromkreis eine zu hohe Schleifenimpedanz (Z_S) verursachen), geht es nicht darum, eine RCD mit einem vorgegebenen Bemessungsdifferenzstrom ($I_{\Delta n} \leq 30\,mA$) auszuwählen, sondern ausschließlich darum, die geforderte maximale Abschaltzeit t_a (siehe Abschnitt 1.2.1.1 in diesem Buch) nicht zu überschreiten. Und dies ist auch mit einer RCD, die einen Bemessungsdifferenzstrom von z. B. 500 mA aufweist, möglich; denn es geht in DIN VDE 0100-410 nach DIN EN 61140 (VDE 0140-1), Abschnitt 5.3.6.1 immer um einen widerstandslosen Körperschluss, der in einem TN-System auch im ungünstigsten Fall deutlich über 10 A liegen wird.

Anders verhält es sich, wenn es um einen (aus welchem Grund auch immer) geforderten zusätzlichen Schutz nach DIN VDE 0100-410, Abschnitt 415.1 oder Abschnitt 411.3.3 (Steckdosenstromkreise) und 411.3.4 (Beleuchtungsstromkreise im privaten Wohnungsbau) geht. Der zusätzliche Schutz nach diesen Anforderungen schließt stets die Forderung nach einer RCD mit einem Bemessungsdifferenzstrom $I_{\Delta n} \leq 30\,mA$ ein. Auch aus anderen Gründen kann ein maximaler Wert des Bemessungsdifferenzstroms (häufig Bemessungsfehlerstrom genannt) gefordert werden (z. B. $I_{\Delta n} \leq 300\,mA$ beim Thema „Brandschutz" nach VDE 0100-420, Abschnitt 422.3.9 – siehe Abschnitt 2.2.1 in diesem Buch). Dies muss die Norm jedoch stets an der entsprechenden Stelle ausdrücklich festlegen.

Sofern jedoch keine besonderen Anforderungen an die Höhe des Bemessungsdifferenzstroms gestellt werden, haben Planer und Errichter bei der Auswahl einen größeren Spielraum und können den Wert für $I_{\Delta n}$ so festlegen, dass z. B. der Einfluss von betrieblichen Ableitströmen berücksichtigt werden kann. Dies wird beispielsweise in VDE 0100-530, Abschnitt 531.3.2 gefordert; dort heißt es:

„Um unerwünschtes Abschalten durch Schutzleiterströme und/oder Ableitströme gegen Erde zu vermeiden, darf die Summe sol-

cher Ströme auf der Lastseite der Fehlerstrom-Schutzeinrichtung (RCD) nicht mehr als das 0,3-Fache des Bemessungsfehlerstroms betragen.
ANMERKUNG 1 Dieses erlaubt eine bessere Bestimmung und Auswahl des Typs der Fehlerstrom-Schutzeinrichtungen (RCDs) nach der Art des Stromkreises oder der Last.“
Eine Möglichkeit, Ableitströme zu reduzieren, ist eine möglichst große Aufteilung der Stromkreise, sodass die einzelnen Stromkreise nicht durch übermäßige Ableitströme belastet werden. Sofern eine solche Aufteilung der Stromkreise nicht möglich ist oder nicht die gewünschte Wirkung bringt, ist es aufgrund des zuvor erwähnten planerischen Spielraums ebenso möglich, eine RCD mit einem höheren Bemessungsdifferenzstrom zu wählen, solange die Abschaltzeiten nach VDE 0100-410 eingehalten werden.
Angeboten werden RCDs mit folgenden Bemessungsdifferenzströmen:

0,006 A; 0,01 A; 0,03 A; 0,1 A; 0,3 A; 0,5 A; 1 A; 3 A; 10 A und 30 A

c) Stoßstromfestigkeit und verzögerte Auslösung

Die Meinung, dass für den Fehlerschutz ausschließlich RCDs ohne Auslöseverzögerung vorgesehen werden dürfen, hält sich hartnäckig, obwohl die Normen hierzu bereits eindeutig Stellung bezogen haben. In DIN VDE 0100-410, Abschnitt 411.4.4 wird beispielsweise betont, dass auch selektive und kurzzeitverzögerte Fehlerstrom-Schutzeinrichtungen (RCDs) sowie Leistungsschalter mit Fehlerstromschutz (CBRs und MRCDs) bei der Fehlerschutzvorkehrung verwendet werden können, sofern die verzögerte Zeit die maximale Abschaltzeit für die automatische Abschaltung im Fehlerfall nach DIN VDE 0100-410, Abschnitt 411 nicht überschreitet.
Verzögerte bzw. selektive RCDs werden mit dem Buchstaben S gekennzeichnet. Ihre Auslösung wird bewusst verzögert, um eine selektive Abschaltung mit nachgeschalteten RCDs sowie eine ausreichende Stoßstromfestigkeit von ca. 5 kA zu gewährleisten.
Kurzzeitverzögerte RCDs werden unterschiedlich gekennzeichnet. In der Regel findet man auf dem Typenschild folgende Buch-

staben: K, KV, G oder AP-R (je nach Hersteller). Auch sie haben eine hohe Stoßstromfestigkeit (in der Regel bis 3 kA). Allerdings gelten sie nur bedingt als selektiv.

Tabelle 1.3 zeigt typische Herstellerangaben zu Fehlerstrom-Schutzeinrichtungen (RCDs). Dort wird auch der Wert für die Stoßstromfestigkeit angegeben. Übliche RCDs sind demnach bis 250 A stoßstromfest. Das entspricht dem von der Norm vorgegebenen Mindestwert.

Bei der Stoßstromfestigkeit geht es nicht um Kurzschlussströme, sondern um Stromimpulse, die im Zusammenhang mit Ereignissen wie Schalthandlungen oder Blitzen entstehen können. Verursacht werden solche Stromimpulse durch transiente Überspannungen, die bei solchen Ereignissen entstehen. Transiente Überspannungen treiben über Leitungskapazitäten und parasitäre Kapazitäten in den angeschlossenen Verbrauchsmitteln einen

FIs	**F 200 (16–100 A)**			
	unverzögert		kurzzeitverzögert	selektiv
Polzahl	2,4	4	2,4	2,4
Typ	A	A	A	A
I_n [A]	16 … 100	25 … 100	25 … 100	40, 63, 100
$I_{\Delta n}$ [mA]	10 … 500	30 … 500	30	100 … 500
I_{nc} [A]	100 A – 10.000		100 A – 10.000	100 A – 10.000
Stromstoßfestigkeit [A]	250	250	3000	5000
Spannungsbereich Prüftaste [V]	110–254	195–440	110–254	110–254
I_m [A]	1000	1000	1000	1000
Neutralleiter	rechts	links	rechts	links

Tabelle 1.3 *Herstellerdatenblatt für Fehlerstrom-Schutzeinrichtungen (RCDs) eines Herstellers (Quelle: ABB, Technische Daten für Baureihe F 200 A)*

I_n *Nennstrom (Bemessungsstrom)*

$I_{\Delta n}$ *Bemessungsfehlerstrom (Bemessungsdifferenzstrom)*

I_{nc} *Bemessungskurzschlussstrom (hier 10 kA)*
(gemeint ist der Kurzschlussstrom, den die RCD ohne Beeinträchtigung der Funktion aushält)

I_m *Bemessungsschaltvermögen*
(gemeint ist der Kurzschlussstrom, den die RCD einschalten, führen und ausschalten kann)

Stromimpuls von den aktiven Leitern zum Schutzleiter. Geprüft werden RCDs mit der Impulsform 8/20 (8 µs Anstiegszeit und 20 µs Rückenhalbwertzeit).
Die Berücksichtigung von Stromimpulsen ist bei diversen Anwendungen von großer Bedeutung. So wird beispielsweise eine hohe Stoßstromfestigkeit gefordert bei Belüftungsstromkreisen in Gebäuden mit Intensivtierhaltung oder bei Stromkreisen für Kühlaggregate und in medizinischen Bereichen sowie bei Stromkreisen, die z. B. wichtige chemische Prozesse steuern und nicht unterbrochen werden dürfen. In all diesen Fällen darf eine Schaltüberspannung oder ein naher oder ferner Blitzschlag keine ungewünschte Auslösung verursachen.

d) Die Höhe des Nennstroms der RCD und der Schutz bei Überstrom

Fehlerstrom-Schutzeinrichtungen (RCDs) werden in der Regel für Nennströme bis maximal 125 A hergestellt. Sind höhere Betriebsströme zu berücksichtigen, können sogenannte „Leistungsschalter mit Fehlerschutz (CBR)“ nach DIN EN 60947-2 (VDE 0660-101), Anhang B verwendet werden, die Betriebsströme bis mindestens 250 A überwachen können.
Da diese Schutzeinrichtungen keine Überströme registrieren können, taucht in diesem Zusammenhang sofort die Frage nach der korrekten Auswahl der Überstrom-Schutzeinrichtung auf, die die RCD und gegebenenfalls die nachfolgenden Betriebsmittel bei Überstrom schützen soll. Diese Schutzeinrichtung kann im Übrigen nach DIN VDE 0100-530, Abschnitt 536.4.2.4 auch hinter der RCD vorgesehen werden, wenn die Leitungsstrecke bis zur RCD kurz- und erdschlusssicher ausgeführt wurde.
Bei Stromkreisen für **einzelne, fest angeschlossene Betriebsmittel** ist die Auswahl des Nennstroms der RCD sowie der vorgeschalteten Überstrom-Schutzeinrichtung relativ eindeutig. Es muss stets darauf geachtet werden, dass der Betriebsstrom (I_b), der durch die RCD fließt, kleiner bleibt als deren Nenn- bzw. Bemessungsstrom I_n. Hersteller von RCDs geben in ihren technischen Unterlagen deshalb in der Regel folgenden Warnhinweis:

„Der maximal mögliche Betriebsstrom der elektrischen Anlage darf den Bemessungsstrom der Fehlerstrom-Schutzeinrichtung nicht überschreiten."
Mathematisch bedeutet dies:

$$I_b \leq I_n$$

I_b Betriebsstrom des angeschlossenen Verbrauchsmittels
I_n Nennstrom (Bemessungsstrom) der RCD

Natürlich muss für den Überstromschutz (Überlastschutz und Kurzschlussschutz) der RCD auch die vorgeschaltete Überstrom-Schutzeinrichtung entsprechend den Vorgaben des Herstellers gewählt werden. Tabelle 1.3 zeigt das Beispiel eines Hersteller-Datenblatts, aus dem der maximale Wert für den Nennstrom der Vorsicherung sowie die dabei entstehende Kurzschlussfestigkeit hervorgeht. Letzteres besagt, dass die RCD in der Kombination mit der Vorsicherung einen Kurzschluss (genauer einen Bemessungskurzschlussstrom I_{nc}) verkraften kann, der in dem rechteckigen Kästchen in A angegeben wird (häufig sind dies 6 kA oder 10 kA).
Wenn **mehrere Stromkreise** an einer Fehlerstrom-Schutzeinrichtung (RCD) betrieben werden, ist die Auswahl komplexer. Natürlich gilt auch hier der zuvor erwähnte Warnhinweis des Herstellers. Das heißt auch hier gilt die Beziehung:

$$I_b \leq I_n$$

Allerdings kann das nicht bedeuten, dass eine RCD mit einem Nennstrom von z. B. 40 A maximal vier Steckdosen (nicht Steckdosenstromkreise, an denen bekanntlich mehrere Steckdosen betrieben werden!) mit je 10 A oder maximal zwei Steckdosen mit je 16 A überwachen darf. In allen elektrischen Anlagen ist es üblich, nicht die potentiell möglichen Betriebsströme zu addieren, sondern den möglichen Mittelwert des Gesamtbetriebsstroms zu ermitteln. Das bedeutet, dass ein **Gleichzeitigkeitsfaktor (g)** berücksichtigt werden muss.
Es dürfte klar sein, dass eine Steckdose irgendwann einmal mit dem maximalen Strom von z. B. 16 A belastet werden kann. Dass

dieser Fall allerdings gleichzeitig bei z.B. fünf Steckdosen, die am gleichen Stromkreis betrieben werden, eintritt, ist dagegen eher unwahrscheinlich. Ebenso unwahrscheinlich ist es, dass alle an einer RCD betriebenen Steckdosenstromkreise gleichzeitig voll bzw. maximal belastet werden. In VDE 0100-510, Abschnitt 512.1.4 heißt es hierzu:

„Jedes Betriebsmittel, das aufgrund seiner Leistungskenndaten ausgewählt wurde, muss für die bestimmungsgemäßen Betriebsbedingungen unter Berücksichtigung des Gleichzeitigkeitsfaktors geeignet sein."

Mit der Berücksichtigung des Gleichzeitigkeitsfaktors bei mehreren Stromkreisen ist es also durchaus möglich, von einer RCD mehrere Stromkreise abzuzweigen, auch wenn die Summe der Bemessungsströme aller angeschlossenen Verbraucher oder Steckdosen in den Stromkreisen größer ist als der Nennstrom der RCD. Wichtig ist aber auch hier, die Vorsicherung der RCD nach den Vorgaben des RCD-Herstellers zu wählen. Das bedeutet, es muss folgender Zusammenhang gewährleistet bleiben:

$g \cdot \Sigma I_{ri} \leq I_n$ (sofern bei allen Stromkreisen der gleiche Faktor g berücksichtigt werden darf)

g Gleichzeitigkeitsfaktor

I_{ri} Bemessungsstrom der parallel betriebenen Stromkreise/ eines Betriebsmittels

ΣI_{ri} Summe der Bemessungsströme der an der RCD angeschlossenen Stromkreise

I_n Nennstrom bzw. Bemessungsstrom der RCD

Hinweis: Ist nicht eindeutig und dauerhaft gewährleistet, dass bei Berücksichtigung des Gleichzeitigkeitsfaktors keine Überlastung der RCD vorkommt, muss ein Mindestschutz vorgesehen werden, indem der RCD eine Überstrom-Schutzeinrichtung vorgeschaltet wird, die den gleichen Nennstrom besitzt wie die RCD.

Allerdings bietet auch das keinen absoluten und umfassenden Schutz, da eine Überstrom-Schutzeinrichtung im Wesentlichen für den Schutz von Kabeln und Leitungen ausgelegt ist. Ob sie in der Lage ist, auf Dauer auch den Überlastschutz (insbesondere bei dauerhaften, geringen Überlastströmen) der RCD zu gewährleis-

ten, ist nur schwer nachweisbar (siehe DIN VDE 0100-530, Abschnitt 536.4.2.3). Hier bewegt sich der Planer bzw. Errichter in einer Grauzone und ist auf Herstellerangaben angewiesen.
Sicherer wäre also in jedem Fall, einen möglichst großen Nennstrom für die RCD zu wählen sowie die an der RCD angeschlossenen Stromkreise derart (nach Art und Anzahl) auszulegen, dass eine Überlastung gar nicht erst entstehen kann. Auch der Einsatz von Kombigeräten, wie FI/LS-Schalter, ist hilfreich, da in diesem Fall die Betrachtung des Überlastschutzes für die RCD entfallen kann (siehe die Anmerkung in DIN VDE 0100-530, Abschnitt 536.4.2.3)

e) Berücksichtigung von Selektivität

Sollte eine Reihenschaltung von RCDs notwendig werden, muss natürlich über die Versorgungssicherheit nachgedacht werden. Es darf nicht sein, dass durch einen Fehler in irgendeinem Stromkreis die komplette elektrische Anlage ausfällt. Dies wird z.B. ausdrücklich in DIN 18015-1, Abschnitt 5.2.3 für den privaten Wohnungsbau gefordert. Auch DIN VDE 0100-718 *(Öffentliche Einrichtungen und Arbeitsstätten)* verbietet im Abschnitt 718.559.101.1 beispielsweise, dass in öffentlichen Bereichen bei Beleuchtungsstromkreisen, die über eine RCD geschützt werden sollen, eine einzelne RCD mehr als einen Endstromkreis überwacht.

Selektivität wird in der Regel durch eine geeignete Staffelung der Bemessungsdifferenzströme sowie durch eine Zeitverzögerung gewährleistet. Häufig werden als übergeordnete RCDs solche mit einem Bemessungsfehlerstrom von mindestens 300 mA gewählt.

Beschrieben wird Selektivität bei RCDs in DIN VDE 0100-530, Abschnitt 536.4.1.4.2. Selektivität zwischen den RCDs ist danach unter den folgenden beiden Bedingungen gegeben:

- die vorgeschaltete Fehlerstrom-Schutzeinrichtung (RCD) ist selektiv (Typ S oder zeitverzögert mit entsprechender Einstellung) und
- das Verhältnis der Bemessungsdifferenzströme der in Reihe geschalteten RCDs beträgt mindestens 3:1.

Wenn die vorgeordnete RCD einen Bemessungsdifferenzstrom von 300 mA aufweist, müssten als nachfolgende RCDs solche mit einem Bemessungsdifferenzstrom von maximal 100 mA gewählt werden.

f) RCD-Typen und die Berücksichtigung der Fehlerstromarten

Bei der Auswahl der RCDs müssen auch die Arten der möglichen Fehlerströme berücksichtigt werden. Treten im Fehlerfall z. B. Fehlerströme mit mehr oder weniger hohen Gleichstromanteilen auf (z. B. bei Isolationsfehlern nach einer Gleichrichtung in Netzteilen) oder eventuell auch solche mit höheren Frequenzanteilen bei elektronischen Geräten (z. B. bei Frequenzumrichtern)?

Auch solche Fragen bestimmen eine Entscheidung darüber, welcher RCD-Typ vorgesehen werden muss. **Tabelle 1.4** zeigt die in Deutschland zugelassenen RCDs für die verschiedenen Anwendungsfälle.

Die Norm [DIN EN 61008-1 (VDE 0664-10)] erwähnt einen **„AC-Typ"**, der jedoch nicht in der Tabelle 1.4 vorkommt, weil er in Deutschland nach DIN VDE 0100-530, Abschnitt 531.3.3 nicht zugelassen ist. Er kann nur sinusförmige Wechselströme ohne einen Gleichstromanteil erfassen. Reine Wechselströme kommen in modernen Anlagen jedoch nicht immer vor.

Der **„A-Typ"** erfasst bereits Fehlerströme mit geringem Gleichstromanteil. Er kann somit einen Fehlerstrom erfassen, der z. B.

Fehlerstrom-Schutzeinrichtung (RCD), Typ	Symbol
A	
F	
B	
B+	kHz

Tabelle 1.4 *Typen von Fehlerstrom-Schutzeinrichtungen (RCDs) mit den Darstellungen der Symbole, die die Fehlerströme angeben, die von dieser RCD erfasst werden können.*

ausschließlich aus positiven Halbwellen besteht, also aus einem sogenannten pulsierenden Gleichfehlerstrom. Ebenso darf der Fehlerstrom mit einem reinen Gleichstromanteil vom maximal 6 mA überlagert sein.

Der **„B-Typ"** sowie der **„Typ-B+"** kann darüber hinaus auch glatte Gleichfehlerströme erfassen. Sie werden somit in Stromkreisen eingesetzt, in denen bei einem Isolationsfehler glatte Gleichfehlerströme mit nur einem geringen oder gar keinem Anteil an netzfrequenten Strömen entstehen.

Beim Typ-B+ darf der Fehlerstrom zudem überwiegend aus Mischströmen mit Frequenz bis 20 kHz bestehen. Da die Empfindlichkeit des Menschen gegenüber dem Strom mit zunehmender Frequenz abnimmt, ist die sichere Auslösung bei Strömen höherer Frequenz weniger eine Frage des Personenschutzes als vielmehr des vorbeugenden Brandschutzes. In der Norm (z. B. in DIN VDE 0664-400 (VDE 0664-400)) wird der Typ B+ deshalb auch als *„Fehlerstrom-Schutzschalter für den* ***gehobenen vorbeugenden Brandschutz****"* bezeichnet.

Hinweise zum B-Typ: Kommen Verbrauchsmittel in der Anlage vor, die bei einem Isolationsfehler glatte Gleichfehlerströme hervorrufen und deshalb durch eine RCD Typ B geschützt werden müssen, darf diese RCD nicht in Reihe hinter einer RCD Typ A oder F vorgesehen werden, da der Gleichfehlerstrom andernfalls die Auslösung der vorgeschalteten RCD (A-Typ oder F-Typ) verhindern würde (siehe Bild A.2 in DIN VDE 0100-530, Anhang A). Die RCD, Typ B muss also von der Einspeisung aus gesehen einen eigenen, von allen übrigen RCDs unabhängigen Stromkreis besitzen.

Der **„F-Typ"** ist eine erst in den letzten Jahren eingeführte RCD, die wie der A-Typ pulsierende Fehlerströme erfassen kann. Er ist in der Lage, pulsierende Gleichfehlerströme zu erfassen, die mit einem Gleichstromanteil von bis zu 10 mA überlagert werden. Typisch für ihn ist, dass die Fehlerströme außerdem mit Strömen höherer Frequenz (bis ca. 1 kHz) überlagert sein dürfen. Die Hersteller denken da besonders an Haushaltsgeräte, die zum Teil zahlreiche elektronische Bauteile (Steuerungen, Netzteile usw.) enthalten; z. B eine Waschmaschine mit Frequenzumrichter. An sich reicht auch für solche Geräte eine RCD Typ A, da meist der Anteil an netzfrequenten Fehlerströmen bei einem Isolationsfehler hoch genug liegt, um die RCD auslösen zu können. Im Zweifelsfall oder bei erhöhten Sicherheitsanforderungen ist die Wahl einer RCD Typ F aber sicher angebracht.

Hinweise zum F-Typ: Der F-Typ hat das gleiche Auslöseverhalten wie der B-Typ. Deshalb wird er auch in der gleichen Norm beschrieben (DIN EN 62423 (VDE 0664-40)). Trotzdem kann er den B-Typ keinesfalls ersetzen, weil er nicht in der Lage ist, glatte Gleichfehlerströme über 10 mA zu registrieren. Sein Auslöseverhalten bezüglich eines Gleichstromanteils ähnelt also eher dem A-Typ, der immerhin 6 mA Gleichstromanteil beherrscht. Der F-Typ eignet sich für den Einsatz bei Verbrauchern, die Fehlerströme mit besonders hohen Mischfrequenzanteilen bis zu einer Höhe von 1 kHz erzeugen. Dies können beispielsweise Geräte sein, die elektronische Bauteile enthalten (z. B. eine Waschmaschine, deren Motor über einen Frequenzumrichter gesteuert wird). Wichtig ist jedoch, dass ein höherer Gleichstromanteil (über 10 mA) sicher ausgeschlossen werden kann, weil sonst zwangsläufig ein B-Typ verwendet werden müsste (oder B+, sofern Frequenzen deutlich über 1 kHz vorkommen können und der Brandschutz besonders beachtet werden muss).

Eine Forderung zum Einsatz des F-Typs gibt es in den Anforderungen der Normen aus der Reihe VDE 0100 noch nicht. Der prinzipielle Aufbau entspricht dem des A-Typs, jedoch mit einem geänderten Auslösekreis und einem angepassten Summenstromwandler. Die Anforderungen für diesen noch relativ unbekannten RCD-Typ sind folgende:

- Auslösebedingungen für Frequenzgemische aus Anteilen von 10 Hz/50 Hz/1.000 Hz,
- Stoßstromfestigkeit mindestens 3 kA,
- Auslösung auch bei Überlagerung mit Gleichstrom ≤ 10 mA.

Einen Überblick für die Auswahl von RCD-Typen zeigt **Tabelle 1.5**. An dieser Stelle sei noch einmal darauf hingewiesen, dass RCDs für die Fehlerschutzvorkehrung nicht zwingend notwendig sind, sofern die Anforderungen zu Abschaltzeiten (t_a) auch durch andere Schutzeinrichtungen erfüllt werden können.

<table>
<tr><td colspan="4">Notwendigkeit, eine RCD vorzusehen (wenn anders nicht erreichbar):
Die Abschaltzeit (t_a) muss eingehalten werden.</td></tr>
<tr><th>Anforderung an die RCD</th><th>RCD-Typ</th><th>$I_{\Delta N}$</th><th>Stoßstromfestigkeit (sofern erforderlich)</th></tr>
<tr><td colspan="4">TN-System</td></tr>
<tr><td>Frequenzen im Fehlerstrom überwiegend: 50 Hz sowie geringer Gleichstromanteil (≤ 6 mA)</td><td>A</td><td rowspan="3">$I_{\Delta N} \leq \frac{U_0}{Z_S}$</td><td rowspan="3">– bis 250 A beim A-Typ
– bis 3 kA (F-Typ oder kurzzeitverzögert)
– bis 6 kA (S-Typ)</td></tr>
<tr><td>Fehlerstrom mit einem Frequenzgemisch bis 1 kHz sowie geringem Gleichstromanteil (≤ 10 mA)</td><td>F</td></tr>
<tr><td>Fehlerstrom mit einem Frequenzgemisch bis 1 kHz sowie einem glatten Gleichstromanteil</td><td>B</td></tr>
<tr><td colspan="4">TT-System</td></tr>
<tr><td>Frequenzen im Fehlerstrom überwiegend: 50 Hz sowie geringer Gleichstromanteil (≤ 6 mA)</td><td>A</td><td rowspan="3">$I_{\Delta N} \leq \frac{50\ V}{R_A}$</td><td rowspan="3">– bis 250 A beim A-Typ
– bis 3 kA (F-Typ oder kurzzeitverzögert)
– bis 6 kA (S-Typ)</td></tr>
<tr><td>Fehlerstrom mit einem Frequenzgemisch bis 1 kHz sowie geringem Gleichstromanteil (≤ 10 mA)</td><td>F</td></tr>
<tr><td>Fehlerstrom mit einem Frequenzgemisch bis 1 kHz sowie einem glatten Gleichstromanteil</td><td>B</td></tr>
</table>

Tabelle 1.5 *Übersicht zur Auswahl von Fehlerstrom-Schutzeinrichtungen für die Fehlerschutzvorkehrung (automatische Abschaltung im Fehlerfall). Der Typ B+ wurde nicht aufgeführt, da sein Anwendungsbereich im vorbeugenden Brandschutz liegt (siehe Abschnitt 2 in diesem Buch).*

1.2.2.3.3 Leistungsschalter

Bei hohen Betriebsströmen, vor allem in gewerblich bzw. industriell genutzten Gebäuden, können selbstverständlich auch Leistungsschalter verwendet werden, wenn im angeschlossenen Stromkreis die automatische Abschaltung der Stromversorgung nach DIN VDE 0100-410 gefordert wird. Übliche Leistungsschalter besitzen Trenneigenschaften und halten bei korrekter Auswahl und Einstellung auch die maximal geforderte Abschaltzeit ein.

1.2.2.4 Die Schutzeinrichtungen für den Fehlerschutz im TT-System

Als Schutzeinrichtung für die Fehlerschutzvorkehrung im TT-System sind nach Norm folgende Einrichtungen erlaubt:

- Überstrom-Schutzeinrichtungen,
- Fehlerstrom-Schutzeinrichtungen (RCDs),
- Leistungsschalter mit Fehlerstromauslösung (CBR).

Wie in Abschnitt 1.2.1.1 bereits gezeigt, wirken im Fehlerstromkreis eines TT-Systems zwei in Reihe geschaltete Widerstände, die den bei einem Isolationsfehler entstehenden Strom stark begrenzen: der Widerstand des Anlagenerders R_A und des Betriebserders R_B (siehe Bild 1.1).

Beispiel:
Angenommen, der Widerstand des Betriebserders (R_B) beträgt 1 Ω und der des Anlagenerders (R_B) 5 Ω. Die an der Schleifenimpedanz Z_S beteiligten Kupferwiderstände können für diese Betrachtung vernachlässigt werden. Der Fehlerstrom I_F würde in diesem Fall in einem üblichen Niederspannungsnetz betragen:

$$I_F \approx \frac{230\,\text{V}}{6\,\Omega} = 38\,\text{A}$$

Dieser Strom reicht allerdings nicht einmal aus, einen LS-Schalter, Typ B, 10 A rechtzeitig zur Auslösung zu bringen. Lediglich ein LS-Schalter, Typ B, 6 A würde als Fehlerschutzvorkehrung (automatische Abschaltung im Fehlerfall) eingesetzt werden können.

Es ist daher nicht verwunderlich, dass in TT-Systemen in der Regel als Schutzeinrichtung Fehlerstrom-Schutzeinrichtungen (RCDs) und für höhere Ströme unter Umständen Leistungsschalter mit Fehlerstromauslösung (CBR) vorgesehen werden.

Die Auswahlkriterien der RCDs im TT-System entsprechen weitgehend den Kriterien, die schon beim TN-System erwähnt wurden (siehe Tabelle 1.5 sowie den Abschnitt 1.2.2.3.2 in diesem Buch).

1.2.2.5 Die Schutzeinrichtungen für den Fehlerschutz im IT-System

Der erste Fehler führt, wie im Abschnitt 1.2.1.1 dieses Buchs bereits dargestellt, nicht zur Abschaltung. Erst bei einem zweiten Fehler an unterschiedlichen aktiven Leitern entsteht eine gefährliche Potentialdifferenz. Durch die fehlerbedingte Verbindung der aktiven Leiter mit dem Schutzleitersystem in der Anlage entsteht,

je nach vorhandenem Erdungssystem der Anlage, ein Netzsystem, das einem TN-System oder einem TT-System entspricht.
Als Schutzeinrichtung für die Fehlerschutzvorkehrung im IT-System sind nach Norm folgende Einrichtungen erlaubt:

- Überstrom-Schutzeinrichtungen,
- Fehlerstrom-Schutzeinrichtungen (RCDs),
- Leistungsschalter mit Fehlerstromauslösung (CBR).

1.2.2.5.1 Leitungsschutzschalter

Üblicherweise werden im IT-System für die automatische Abschaltung im Fehlerfall LS-Schalter vorgesehen. Hier muss darauf geachtet werden, dass bei einem mitgeführten Neutralleiter die Bedingungen für „Trennen und Schalten" nach DIN VDE 0100-460 eingehalten werden.
Da der Neutralleiter nach VDE-Normen ebenso wie die drei Außenleiter als aktiver Leiter gilt, müsste er im Grunde genommen bei einer Abschaltung gemeinsam mit den Außenleitern geschaltet werden. In DIN VDE 0100-460, Abschnitt 461.2 wird jedoch erlaubt, den Neutralleiter unter gewissen Bedingungen nicht zu schalten, sodass eine Abschaltung lediglich im Außenleiter vorgenommen werden muss. Diese Bedingungen werden in TN- sowie im TT-Systemen in Deutschland in der Regel eingehalten, sodass üblicherweise nur die Außenleiter geschaltet werden, während der Neutralleiter fest verbunden bleibt.
Im IT-System ist dies jedoch so automatisch nicht gegeben. Der Punkt ist, dass im Fehlerfall (also im IT-System der zweite Fehler) der Neutralleiter keine Spannung über 50 V gegenüber dem Schutzleiter annehmen darf. Ob das im IT-System so stets gegeben ist, müsste von Fall zu Fall entschieden werden. In der Regel werden deshalb im IT-System zweipolige LS-Schalter vorgesehen, die sowohl den Außenleiter als auch den Neutralleiter schalten.
Aus dem Bereich „Schutz bei Überstrom" (siehe Abschnitt 2.1 in diesem Buch) kommt noch ein weiterer Hinweis zu diesem Thema: Bei einem mitgeführten Neutralleiter können unter Umständen (nach einem zweiten Fehler) viel zu hohe Ströme über den Neutralleiter fließen. Angenommen, der erste Fehler ist ein

Schluss zwischen Außenleiter und Schutzleiter, der in einem Stromkreis mit großen Leiterquerschnitten entstanden ist. Der zweite Fehler ist ein Schluss zwischen Schutzleiter und dem Neutralleiter, allerdings in einem Stromkreis mit deutlich kleineren Leiterquerschnitten. In diesem Fall würde der Neutralleiter unter Umständen zerstört, weil der Nennstrom der Überstrom-Schutzeinrichtung im Stromkreis mit den größeren Leiterquerschnitten für den betroffenen Neutralleiter viel zu groß ist. Aus diesem Grund fordert DIN VDE 0100-430, Abschnitt 431.2.2, dass auch der Neutralleiter bei Überstrom geschützt werden muss, also wie der Außenleiter mit einer Überstrom-Schutzeinrichtung (z.B. LS-Schalter).

Hinweis: Nach DIN VDE 0100-430, Abschnitt 431.2.2 gibt es zu der Überwachung des Neutralleiters nur zwei alternative Möglichkeiten:

- Der betroffene Neutralleiter ist durch eine Schutzeinrichtung auf der Versorgungsseite wirksam bei Kurzschluss geschützt, oder
- der betroffene Stromkreis ist durch eine Fehlerstrom-Schutzeinrichtung (RCD) geschützt, deren Bemessungsdifferenzstrom ($I_{\Delta N}$) höchstens das 0,20-Fache der Strombelastbarkeit des betroffenen Neutralleiters beträgt. Selbstverständlich muss die RCD für alle Pole (auch für den Pol, an dem der Neutralleiter angeschlossen wird) ein ausreichendes Ausschaltvermögen aufweisen.

Die zweite Alternative ist möglich, weil der Fehlerstrom, wie im vorgenannten Beispiel angegeben, über mehrere Stromkreise fließt und damit die Summe der Ströme verändert, sodass in beiden fehlerbehafteten Stromkreisen ein Differenzstrom entsteht, den eine RCD registrieren und schalten kann.

1.2.2.5.2 Fehlerstrom-Schutzeinrichtungen (RCDs)

RCDs als Schutzeinrichtung in einem IT-System einzusetzen, ist nicht üblich. Zum einen, weil die Gefahr berücksichtigt werden muss, dass schon beim ersten Fehler eine Abschaltung stattfindet.

In diesem Fall wäre der Vorteil des IT-Systems (Versorgungssicherheit) nicht mehr gegeben. Zum anderen besteht die Gefahr, dass die RCD den Fehler nicht registriert, weil der Fehlerstrom über verschiedene Außenleiter, die von der gleichen RCD überwacht werden, fließt – also sozusagen in beiden Richtungen den Summenstromwandler der RCD durchquert und deshalb nicht als Differenzstrom erfasst werden kann. In DIN VDE 0100-410, Abschnitt 411.6.3 heißt es diesbezüglich wörtlich:

„Im Fall von Fehlern in zwei unterschiedlichen Schutzklasse I Verbrauchsmitteln, die von unterschiedlichen Außenleitern versorgt werden, wird die Abschaltung von Fehlerstrom-Schutzeinrichtung (RCD) wahrscheinlich nur erreicht, wenn jedes Betriebsmittel einzeln durch eine individuelle Fehlerstrom-Schutzeinrichtung (RCD) geschützt wird. In diesen Fällen ist die Verwendung von Überstrom-Schutzeinrichtungen geeigneter."

Will man also Fehlerstrom-Schutzeinrichtungen in einem IT-System verwenden, müssen die kapazitiven Ableitströme, die eine ungewollte Abschaltung der RCD hervorrufen können, beachtet werden, und jedes Verbrauchsmittel muss eine separate RCD erhalten.

1.3 Schutzeinrichtungen für den zusätzlichen Schutz

Sofern ein zusätzlicher Schutz gefordert wird und dafür eine Fehlerstrom-Schutzeinrichtung (RCD) nach DIN VDE 0100-410, Abschnitt 415.1 vorgesehen werden soll, muss dies zwingend eine RCD mit einem Bemessungsdifferenzstrom ($I_{\Delta N}$) bis maximal 30 mA sein (siehe hierzu auch Abschnitt 1.1.3 in diesem Buch).

Wichtig ist in diesem Zusammenhang, dass eine RCD, die für den zusätzlichen Schutz vorgesehen wurde, stets „zusätzliche" Funktionen übernimmt. Das setzt voraus, dass die Schutzmaßnahme „Schutz durch automatische Abschaltung der Stromversorgung", die nach DIN VDE 0100-410, Abschnitt 411 aus Basisschutz- und Fehlerschutzvorkehrung besteht (siehe Abschnitt 1.1.2 in diesem Buch), auf alle Fälle korrekt umgesetzt wurde. In DIN VDE 0100-410, Abschnitt 415.1.2 heißt es hierzu wörtlich:

„Das Verwenden solcher Einrichtungen ist nicht als alleiniges Mittel des Schutzes gegen elektrischen Schlag anerkannt und schließt nicht die Notwendigkeit aus, eine der Schutzmaßnahmen nach den Abschnitten 411 bis 414 anzuwenden."

Ein zusätzlicher Schutz wird also nie pauschal gefordert, sondern stets aufgrund der Forderung in einer Norm, in der eine konkrete Gefährdung oder eine besondere Betriebsstätte beschrieben wird. Näheres zu diesem Thema wird im Abschnitt 1.1.3 dieses Buchs vermittelt, und konkrete Fälle (also Gefährdungen, besondere Stromkreise und Betriebsstätten usw.), für die ein Zusatzschutz mittels einer RCDs mit $I_{\Delta N} \le 30\,\text{mA}$ gefordert wird, werden in **Tabelle 1.6** aufgeführt.

Bedingungen für Anforderung nach einer Schutzeinrichtung für den zusätzlichen Schutz	**Belegstelle in der Norm**	**Bemerkungen**
Steckdosenstromkreise in Gebäuden	DIN VDE 0100-410, Abschnitt 411.3.3	RCD mit $I_{\Delta N} \le 30$ mA
Beleuchtungsstromkreise im privaten Wohnungsbau und in kleingewerblich betriebenen Räumen und Bereichen	DIN VDE 0100-410, Abschnitt 411.3.4	
Sämtliche Stromkreise in Räumen mit Badewanne oder Dusche, sofern sie nicht über SELV, PELV oder einen Trenntransformator (Schutztrennung) betrieben werden	DIN VDE 0100-701, Abschnitt 701.415.1	
Kabel und Leitungen im Bereich 1 von Räumen mit Badewanne oder Dusche, die nicht Verbrauchsmittel im Bereich 1 versorgen, es sei denn, –sie werden über SELV oder einen Trenntransformator (Schutztrennung) betrieben oder –sie sind durch z. B metallene Rohre mechanisch ausreichend geschützt oder –sie befinden sich in einer metallenen Umhüllung, die an den Potentialausgleich angeschlossen wurde, oder –es handelt sich um Kabel/Leitungen mit konzentrischem Schutzleiter oder –sie sind mindestens 6 cm tief unter Putz verlegt.	DIN VDE 0100-701, Abschnitt 701.512.3	
Stromkreise für elektrische Fußboden-Flächenheizungen in Räumen mit Badewanne oder Dusche	DIN VDE 0100-701, Abschnitt 701.753	
Stromkreise von nicht begehbaren Springbrunnen in den Bereichen 0 und 1, die nicht mit Schutzkleinspannung oder über einen Trenntransformator (Schutztrennung) betrieben werden	DIN VDE 0100-702, Abschnitt 702.410.3.101.2	

Tabelle 1.6 *Aufzählung der wesentlichsten Anforderungen in Normen der Gruppe 700 aus DIN VDE 0100 zu Schutzeinrichtungen für den zusätzlichen Schutz nach DIN VDE 0100-410, Abschnitt 415* (Teil 1/4)

Bedingungen für Anforderung nach einer Schutzeinrichtung für den zusätzlichen Schutz	**Belegstelle in der Norm**	**Bemerkungen**
Stromkreise von Schwimmbecken im Bereich 2, die nicht mit Schutzkleinspannung oder über einen Trenntransformator (Schutztrennung) betrieben werden	DIN VDE 0100-702, Abschnitt 702.410.3.101.3	RCD mit $I_{\Delta N} \leq 30$ mA
Kabel und Leitungen, die durch die Bereiche 0, 1 oder 2 von Schwimmbädern zu Betriebsmitteln außerhalb dieser Bereiche verlaufen, die nicht –mindestens 6 cm unter Putz verlegt wurden oder –mit Schutzkleinspannung oder –mit Schutztrennung betrieben werden	DIN VDE 0100-702, Abschnitt 702.522.8.102	
Stromkreise für SELV-Stromquellen, die sich im Bereich 2 von Schwimmbädern befinden und Schaltgeräte, Steuergeräte sowie Steckdosen im Bereich 1 versorgen	DIN VDE 0100-702, Abschnitt 702.530	
Stromkreise für Schalt- und Steuergeräte sowie Steckdosen im Bereich 1 von Schwimmbädern, sofern sie nicht im Bereich 2 errichtet werden können und sofern sie nicht über SELV oder einen Trenntransformator (Schutztrennung) betrieben werden	DIN VDE 0100-702, Abschnitt 702.530	
Stromkreise für Beleuchtung im Bereich 1 von Schwimmbädern, bei denen es keinen Bereich 2 gibt, sofern die Leuchten nicht mindestens 2 m über der unteren Grenze des Bereichs 1 montiert wurden	DIN VDE 0100-702, Abschnitt 702.55.104.2	
Stromkreise für Pumpen und andere Betriebsmittel, die für die besondere Verwendung in den Bereichen eines Schwimmbads vorgesehen sind und dazu mit einfachen Mitteln berührt werden können, sofern sie nicht über SELV oder einen Trenntransformator (Schutztrennung) betrieben werden	DIN VDE 0100-702, Abschnitt 702.55.101.3	
Stromkreise von elektrischen Fußbodenheizungen in Schwimmbädern, sofern sie nicht mit SELV betrieben werden	DIN VDE 0100-702, Abschnitt 702.55.105	Abdeckung der Leitungen mit metallischem Schirm oder Gitter (beides mit Potentialausgleich verbunden) sowie geschützt über RCD mit 30 mA
Sämtliche Stromkreise in Saunen	DIN VDE 0100-703, Abschnitt 703.412.5	RCD mit $I_{\Delta N} \leq 30$ mA

Tabelle 1.6 *Aufzählung der wesentlichsten Anforderungen in Normen der Gruppe 700 aus DIN VDE 0100 zu Schutzeinrichtungen für den zusätzlichen Schutz nach DIN VDE 0100-410, Abschnitt 415* (Teil 2/4)

Bedingungen für Anforderung nach einer Schutzeinrichtung für den zusätzlichen Schutz	**Belegstelle in der Norm**	**Bemerkungen**
Stromkreise für fest angeschlossene Betriebsmittel in leitfähigen Bereichen mit begrenzter Bewegungsfreiheit, wenn sie nicht durch SELV, PELV, Schutztrennung oder mittels zusätzlichem Schutzpotentialausgleich geschützt werden	DIN VDE 0100-706, Abschnitt 706.410.3.10	RCD mit $I_{\Delta N} \leq 30$ mA
Jede *einzelne* Steckdose in Caravanplätzen, Campingplätzen und ähnlichen Bereichen	DIN VDE 0100-708, Abschnitt 708.531.3	
Jeder Endstromkreis für Festanschluss von Mobilheimen oder Parkwohnheimen	DIN VDE 0100-708, Abschnitt 708.531.3	
Steckdosenstromkreise bis 63 A bei Marinas und ähnlichen Bereichen und für Endstromkreise für Festanschluss von Hausbooten	DIN VDE 0100-709.531.3 (sowie Anhang ZA)	
Sämtliche Endstromkreise in medizinisch genutzten Bereichen der Gruppe 1	DIN VDE 0100-710, Abschnitt 710.411.4	
Endstromkreise in medizinisch genutzten Bereichen der Gruppe 2 (sofern nicht im IT-System betrieben) für OP-Tische, Röntgengeräte und alle Geräte über 5 kVA Nennleistung	DIN VDE 0100-710, Abschnitt 710.411.4	
Steckdosenstromkreise bis 32 A sowie alle Endstromkreise (außer für Notbeleuchtung) in elektrischen Anlagen in Ausstellungen, Shows und Ständen	DIN VDE 0100-711, Abschnitt 711.481.3.1.4	
Stromkreise in Möbeln und Einrichtungsgegenständen	DIN VDE 0100-713, Abschnitt 713.415.1.1	
Stromkreise für Einrichtungen in Telefonzellen, Autobuswartehäuschen, Hinweistafeln, Stadtplänen und ähnlichen Anlagen	DIN VDE 0100-714, Abschnitt 714.411.3.3	
Stromkreise zur Stromversorgung von ortsveränderlichen oder transportablen Baueinheiten, die an der festen Elektroinstallation betrieben werden sollen	DIN VDE 0100-717, Abschnitt 717.411	
Endstromkreise von ortsveränderlichen oder transportablen Baueinheiten, die über einen Trenntransformator betrieben werden, sofern keine Isolationsüberwachung vorgesehen wurde	DIN VDE 0100-717, Abschnitt 717.413	RCD mit 30 mA sowie ein Erder auf der Sekundärseite des Transformators
Stromkreise in elektrischen Anlagen von Caravans und Motorcaravans, sofern „automatische Abschaltung im Fehlerfall" vorgesehen werden soll	DIN VDE 0100-721, Abschnitt 712.415.1	RCD mit $I_{\Delta N} \leq 30$ mA

Tabelle 1.6 *Aufzählung der wesentlichsten Anforderungen in Normen der Gruppe 700 aus DIN VDE 0100 zu Schutzeinrichtungen für den zusätzlichen Schutz nach DIN VDE 0100-410, Abschnitt 415* (Teil 3/4)

Bedingungen für Anforderung nach einer Schutzeinrichtung für den zusätzlichen Schutz	Belegstelle in der Norm	Bemerkungen
Anschlusspunkte für Ladestationen für Elektrofahrzeuge, sofern diese nicht über einen Trenntransformator betrieben werden (Schutztrennung)	DIN VDE 0100-722, Abschnitt 722.531.3.101	RCD mit $I_{\Delta N} \leq 30$ mA
Stromkreise in Experimentiereinrichtungen, die im TN- oder TT-System betrieben werden	DIN VDE 0100-723, Abschnitt 723.412.5.3	
Steckdosenstromkreise bis 63 A bei elektrischen Landanschlüssen für Fahrzeuge der Binnenschifffahrt	DIN VDE 0100-730.531.3	
Sämtliche Endstromkreise bei „vorübergehend errichtete(n) elektrische(n) Anlagen für Aufbauten, Vergnügungseinrichtungen und Buden auf Kirmesplätzen, Vergnügungsparks und für Zirkusse“	DIN VDE 0100-740, Abschnitt 740.412.5	
Stromkreise für Heizeinheiten (Heizleitungen oder Flächenheizelemente)	DIN VDE 0100-753, Abschnitt 753.415.1.1	

Tabelle 1.6 *Aufzählung der wesentlichsten Anforderungen in Normen der Gruppe 700 aus DIN VDE 0100 zu Schutzeinrichtungen für den zusätzlichen Schutz nach DIN VDE 0100-410, Abschnitt 415* (Teil 4/4)

Die Forderung eines Zusatzschutzes mittels einer RCD kann sich auf die gesamte elektrische Anlage beziehen oder auf bestimmte Betriebsstätten (Räume, Bereiche usw.), oder sie beschränkt sich auf einzelne Stromkreise.

→ **Beispiel:**
In DIN VDE 0100-701 werden die besonderen Anforderungen für „Räume mit Badewanne oder Dusche“ beschrieben. Im Abschnitt 701.415.1 dieser Norm wird für Stromkreise, die nicht durch die Schutzmaßnahme „Schutztrennung“ oder „SELV“ bzw. „PELV“ geschützt sind, ein zusätzlicher Schutz gefordert. Wörtlich heißt es dort:

„In Räumen mit Badewanne oder Dusche müssen alle Stromkreise mit einer oder mehreren Fehlerstrom-Schutzeinrichtungen (RCDs) mit einem Bemessungsdifferenzstrom nicht größer als 30 mA geschützt sein.“

In Tabelle 1.6 sind die wesentlichen Anforderungen nach einer Schutzeinrichtung im Sinne von DIN VDE 0100-410, Abschnitt 415.1 gelistet, die in Normen der Gruppe 700 aus DIN VDE 0100 erwähnt werden. Dass in Normen der Gruppe 700 Anforderungen zu finden sind, die sich direkt oder indirekt auf einen zusätzlichen Schutz beziehen, ist durchaus typisch, weil

- in diesen Normen Anforderungen beschrieben werden, die zusätzlich zu den Basisanforderungen aus Normen der Reihe DIN VDE 0100, Gruppen 100 bis 600 erhoben werden oder

- es bei ihnen um Anforderungen geht, die wegen den Besonderheiten der beschriebenen Gebäude und Bereiche die Anforderungen aus Normen der Reihe DIN VDE 0100, Gruppen 100 bis 600 modifizieren.

Man muss bei den Anforderungen in Normen der Gruppe 700 aus DIN VDE 0100 also immer die Basisanforderungen der entsprechenden Gruppen (Gruppe 100 bis 600) mit betrachten.

Hinweis: Wenn bereits eine RCD für die Fehlerschutzvorkehrung nach DIN VDE 0100-410, Abschnitt 411 vorgesehen wurde und zugleich für Stromkreise, die durch diese RCD geschützt werden, ein zusätzlicher Schutz nach DIN VDE 0100-410, Abschnitt 415.1 notwendig wird, darf selbstverständlich eine gemeinsame RCD mit $I_{\Delta N} \leq 30\,\text{mA}$ gewählt werden. Es ist also nicht notwendig, hierfür zwei separate RCDs (eine für die Fehlerschutzvorkehrung und eine zweite für den zusätzlichen Schutz) vorzusehen. DIN VDE 0100-530, Abschnitt 531.3.6 fordert für diesen Fall lediglich, dass durch die RCD nicht sämtliche Endstromkreise eines Verteilers abgeschaltet werden dürfen. Eine RCD, die der gesamten Verteilung vorgeschaltet wurde, darf also nicht auch noch für den zusätzlichen Schutz vorgesehen werden. Letzteres gilt auch für RCDs, die den zusätzlichen Schutz der Steckdosenstromkreise und (im privaten Wohnungsbau) der Beleuchtungsstromkreise nach DIN VDE 0100-410, Abschnitt 411.3.3 und 411.3.4 gewährleisten sollen.

2 Schutzeinrichtungen für einen vorbeugenden Brandschutz

2.1 Schutzeinrichtungen für den Überstromschutz nach DIN VDE 0100-430

2.1.1 Einführung

Der Schutz bei Überstrom schließt sowohl den Überlastschutz als auch den Kurzschlussschutz ein. Die komplette Beschreibung der Auswahl einer Überstrom-Schutzeinrichtung bei Berücksichtigung der Auswahl von Kabeln und Leitungen und deren Verlegeart ist recht komplex und würde den Rahmen dieses Buchs sprengen. Deshalb werden die Anforderungen, die vor allem in DIN VDE 0100-430 beschrieben werden, in diesem Abschnitt nur kurz angerissen. Die korrekte Auswahl wird z. B. in *„H. Schmolke*, Auswahl und Bemessung von Kabeln und Leitungen (Hüthig Verlag)" erläutert.

In diesem Abschnitt soll es im Wesentlichen um die hauptsächlichen Aussagen zu den Schutzeinrichtungen gehen, die den Schutz bei Überstrom gewährleisten müssen. Der Oberbegriff für diese Schutzeinrichtungen ist Überstrom-Schutzeinrichtung.

Die erste Frage, die beantwortet werden muss, ist die, welche Überstrom-Schutzeinrichtungen überhaupt vorgesehen werden dürfen. Da in den allermeisten Fällen durch eine einzige Schutzeinrichtung sowohl der Überlast- als auch der Kurzschlussschutz abgedeckt werden, kommen folgende Schutzeinrichtungen nach DIN VDE 0100-430 infrage:

- Leistungsschalter/Leitungsschutzschalter mit integriertem Überlast- und Kurzschlussauslöser,
- Leistungsschalter im Zusammenwirken mit Sicherungen (in der Regel übernimmt die Sicherung den Kurzschlussschutz),
- Sicherungen mit Sicherungseinsätzen der Charakteristik gG.

Da bei Endstromkreisen in TN-Systemen in der Regel auch der Schutz gegen elektrischen Schlag berücksichtigt werden muss (siehe Abschnitte 1.2.1.1 und 1.2.2 in diesem Buch), werden bei Betriebsströmen bis 63 A meist Leitungsschutzschalter (LS-Schalter) vorgesehen (siehe hierzu auch die Anmerkung in Abschnitt 1.2.2.2 dieses Buchs). In IT- und TT-Systemen werden in Endstromkreisen bis 63 A ebenso überwiegend LS-Schalter eingesetzt, auch wenn es im TT-System in der Regel nicht um den Personenschutz geht. Damit wäre bei korrekter Auswahl des LS-Schalters der Schutz bei Überstrom (Überlast- und Kurzschlussschutz) gegeben.

Hinweis: Schutzeinrichtungen, die nur bei Kurzschluss schützen, sind z. B. Sicherungen der Betriebsklasse „aM" oder „aT" (eingesetzt bei Maschinenanlagen bzw. Transformatoren) oder Leistungsschalter (ICBs), die lediglich eine Kurzschlussauslösung besitzen.
Dagegen schützen stromabhängig verzögerte Schutzeinrichtungen im Wesentlichen nur bei Überlast, da die Schnellauslösung, die im Kurzschlussfall wirken soll, bewusst verzögert wird, z. B. wegen Selektivitätsanforderungen zu nachgeschalteten Schutzeinrichtungen. Dies kann z. B. durch einen Leistungsschalter mit UMZ (Überstrom-Zeitschutz) gewährleistet werden – siehe Abschnitt 3.1 in diesem Buch).

2.1.2 Überlastschutz

Unabhängig von der Wahl der Schutzeinrichtung gelten nach DIN VDE 0100-430, Abschnitt 433 die folgenden Bedingungen:

$$I_B \leq I_n \leq I_Z$$

$$I_2 \leq 1{,}45 \cdot I_Z$$

I_B Betriebsstrom im zu schützenden Stromkreis

I_n Nennstrom der Überstrom-Schutzeinrichtung

I_Z Strombelastbarkeit der Kabel/Leitungen im Stromkreis unter Berücksichtigung der realen Verlegebedingungen, wie Häufung, Umgebungstemperatur nach DIN VDE 0100-430 sowie DIN VDE 0298-4.

I_2 Sogenannter großer Prüfstrom (in Produktnormen auch mit I_t oder I_f bezeichnet); dies ist der Strom, der die Überstrom-Schutzeinrichtung in einer festgelegten Prüfdauer (für Überstrom-Schutzeinrichtungen mit $I_n \leq 63$ A ist dies 1 h) sicher zur Auslösung bringt. Dieser Wert wird in der Herstellernorm der jeweiligen Überstrom-Schutzeinrichtung angegeben.

1,45 Faktor, der angibt, mit welchem Überstrom die Kabel/Leitungen über die festgelegte Prüfdauer (für Überstrom-Schutzeinrichtungen mit $I_n \leq 63$ A ist dies 1 h) beansprucht werden dürfen.

Die erste Bedingung ist sofort nachvollziehbar: Der Betriebsstrom I_B darf natürlich nicht größer werden als der Nennstrom der Sicherung I_n, und dieser Nennstrom darf nicht größer werden als die Strombelastbarkeit der Leitung I_Z.
Das Hauptproblem bei der Umsetzung dieser Bedingung ist die Festlegung der Strombelastbarkeit. Hier spielen zahlreiche Randbedingungen eine Rolle. Vor allem muss berücksichtigt werden, ob parallele Kabel und Leitungen eine zusätzliche thermische Belastung verursachen. Die Umgebungstemperatur spielt eine Rolle, und vor allem hängt die Strombelastbarkeit von der Verlegeart ab. Selbstverständlich kann eine Leitung in einer Wärmedämmung anders belastet werden als eine identische Leitung, die offen auf einer Kabelpritsche gelegt wurde. Häufig werden zur Ermittlung von I_Z ganz einfach nur die Werte der entsprechenden Strombelastbarkeitstabelle verwendet. Die Werte einer solchen Tabelle stimmen allerdings nur, wenn die konkreten bzw. realen Bedingungen (z.B. Umgebungstemperatur, Häufung) mit den Bedingungen übereinstimmen, die in der Tabelle vorausgesetzt werden (Näheres hierzu ist z.B. in „*H. Schmolke*, Auswahl und Bemessung von Kabeln und Leitungen, (Hüthig Verlag)“ zu finden).
Hat man jedoch den Wert für I_Z korrekt ermittelt, muss lediglich ein entsprechender Wert für I_n gefunden werden, der in der ersten Bedingung zwischen die Werte für I_B und I_Z passt.
Allerdings müssen noch einige andere Überlegungen berücksichtigt werden, um den passenden Nennstrom der Schutzeinrichtung zu ermitteln. Zunächst wird beim vorgenannten Planungsschritt (Erfüllung der ersten Bedingung, vor allem die Festlegung von I_Z und I_n) häufig vergessen, dass in DIN VDE 0100-430, Abschnitt 433 noch eine zweite Bedingung erwähnt wird.

Diese zweite Bedingung lässt vermuten, dass besonders bei kleineren Überströmen Probleme möglich sind. Im Überlastbereich benötigen LS-Schalter sowie übliche Sicherungen mit abnehmendem Überstrom eine immer längere Zeit zur Abschaltung. Für Überströme, die zwar über dem Nennstrom der Überstrom-Schutzeinrichtung (I_n) liegen, aber zugleich kleiner sind als der sogenannte „große Prüfstrom" (I_2), ist die Abschaltzeit in der Norm nicht klar geregelt. Probleme gibt es also bei Überlastströmen ($I_{\text{Überlast}}$), die wie folgt definiert sind:

$I_n < I_{\text{Überlast}} < I_2$

Klar ist nur, dass eine Abschaltung (bei Nennströmen ≤ 63 A) erst nach über 1 h stattfinden wird. Da die Kabel- oder Leitungsisolation auch kleinere Überströme nicht endlos lange aushält, wurde mit der zweiten oben erwähnten Bedingung aus DIN VDE 0100-430, Abschnitt 433.1 eine Obergrenze festgelegt: Überströme, die 45 % über der maximalen Strombelastbarkeit der Kabel-/Leitungsisolation liegen ($1{,}45 \cdot I_Z$), dürfen nicht länger als die angegebene Prüfdauer für den großen Prüfstrom anstehen. Diese Prüfdauer richtet sich dabei nach der Höhe des Nennstroms der Schutzeinrichtung:

$I_n \leq 63$ A	Prüfdauer für I_2: 1 h
$I_n > 63$ A … ≤ 160 A	Prüfdauer für I_2: 2 h
$I_n > 160$ A … ≤ 400 A	Prüfdauer für I_2: 3 h
$I_n > 400$ A	Prüfdauer für I_2: 4 h

Das bedeutet weiterhin, dass kleinere Überströme als $1{,}45 \cdot I_Z$ (z. B. $I_{\text{Überlast}} = 1{,}3 \cdot I_Z$) auf alle Fälle verhindert werden müssen, da für diese Belastung eine Vorschädigung der Kabel- und Leitungsisolation vermutet werden muss.

Die Anforderungen aus DIN VDE 0100-430 gehen davon aus, dass kleinere Überströme als $1{,}45 \cdot I_Z$ vermieden werden können. Dies ist Aufgabe des Planers bzw. Errichters und im begrenzten Umfang auch des Betreibers (z. B. indem der Betreiber vermeidet, dass eine Überlastung der Kabel und Leitungen durch zahlreiche leistungsstarke Verbrauchsmittel verursacht wird, die an Mehrfachsteckdosen betrieben werden usw.).

Unter der Voraussetzung, dass „zu geringe" Überlastströme vermieden werden können, kennzeichnet der große Prüfstrom eine Grenzbelastung, deren Einhaltung durch eine korrekte Auswahl der Überstrom-Schutzeinrichtung gewährleistet werden kann. In Bezug auf die Auswahl von Schutzeinrichtungen kann deshalb gesagt werden:

Der große Prüfstrom I_2 ist für die Beurteilung der Schutzmaßnahme wichtig. Er wird in DIN EN 60269-1 (VDE 0636-1) bei Schmelzsicherungen als I_f (conventional fusing current) bezeichnet und bei Leitungsschutzschaltern nach Normen der Reihe DIN EN 60898 (VDE 0641) I_t (conventional tripping current).

Wenn die Überstrom-Schutzeinrichtung die Bedingung $I_2 \leq 1{,}45 \cdot I_n$ einhält, wird die erste Bedingung aus DIN VDE 0100-430, Abschnitt 433.1 ($I_B \leq I_n \leq I_Z$) vollumfänglich erfüllt. Liegt der Wert des großen Prüfstroms der Schutzeinrichtung allerdings darüber (z.B. $I_2 \leq 1{,}6 \cdot I_n$), muss der rechte Teil der ersten Bedingung wie folgt geändert werden:

$I_B \leq I_n < I_Z$

Das rechte Gleichheitszeichen entfällt, und das wiederum bedeutet, dass zwischen dem Nennstrom (I_n) und der Strombelastbarkeit des Kabels/der Leitung (I_Z) stets ein mehr oder weniger großer Abstand berücksichtigt werden muss.

Bei Leitungsschutzschaltern (z.B. Typ B oder C) gilt die folgende Bedingung:

$I_f \leq 1{,}45 \cdot I_n$.

Die zweite Bedingung aus DIN VDE 0100-430, Abschnitt 433.1 ist bei Verwendung von Leitungsschutzschaltern somit in jedem Fall erfüllt. Im **Bild 2.1** wird im oberen Bereich der Auslösekennlinie von LS-Schaltern der Wert für I_2 angegeben. Das bedeutet: Wenn man als Überstrom-Schutzeinrichtung einen LS-Schalter, Typ B, C oder D wählt, ist die zweite Bedingung aus DIN VDE 0100-430 automatisch erfüllt und muss nicht weiter betrachtet werden.

Bei Schmelzsicherungen wird die Prüfung des großen Prüfstroms im nicht eingebauten Zustand vorgenommen. Der Strom belastet also lediglich den Sicherungseinsatz ohne ein Gehäuse bzw.

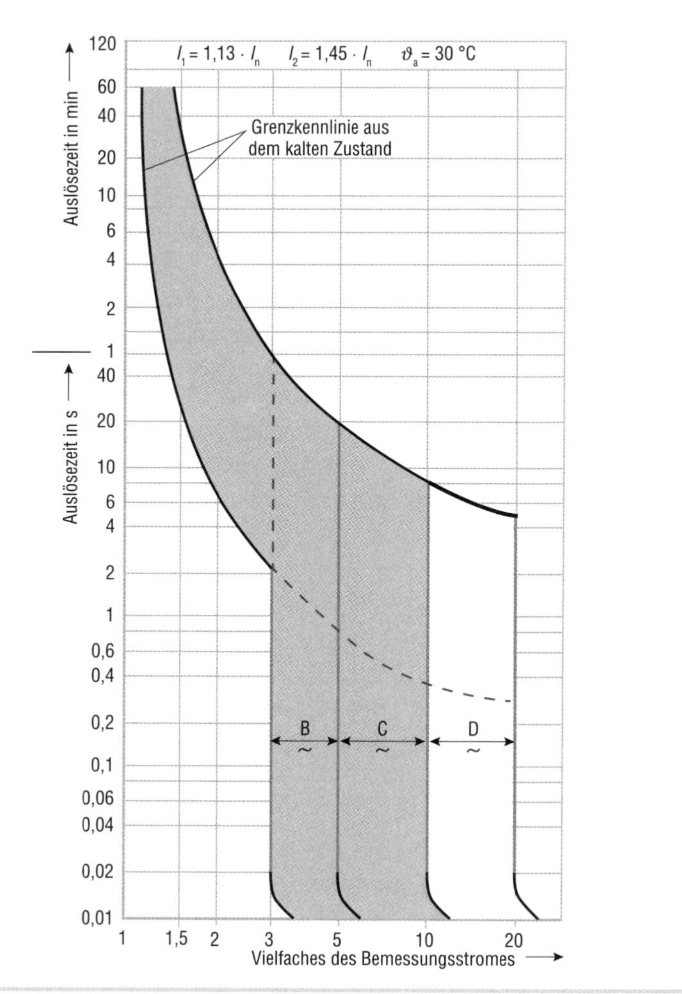

Bild 2.1 *Ausschaltcharakteristiken von LS-Schaltern (Typ B, C und D)*
Betrachtet man den Punkt auf der oberen Auslösekennlinie beim Wert „60 min“ der Y-Achse und lotet dann diesen Punkt auf die X-Achse, so kann man dort den Wert für I_2 ablesen. Zusätzlich hat der Hersteller des LS-Schalters den großen Prüfstrom I_2 im Kopf des Diagramms noch einmal angegeben.
Quelle: Technische Informationen zu Leitungsschutzschaltern, ABB

ohne Berücksichtigung der typischen Umgebungsbedingungen in einer Verteilung. Da ein Sicherungseinsatz allerdings stets im eingebauten Zustand betrieben wird, spiegelt diese Prüfung nicht zwingend die Praxis wieder. Aus diesem Grund wurde in DIN EN 60269-1 (VDE 0636-1), Abschnitt 8.4.3.5 eine Prüfung mit eingebautem Sicherungseinsatz festgelegt. Danach kann auch bei einer Schmelzsicherung die zweite Bedingung aus DIN VDE 0100-430, Abschnitt 433.1 zumindest teilweise als erfüllt betrachtet werden.

Allerdings bezieht sich die Prüfung nach DIN EN 60269-1 (VDE 0636-1), Abschnitt 8.4.3.5 nur auf den Sicherungstyp gG (Schmelzsicherung für allgemeine Zwecke) und die Werte stimmen auch nur bei einer bestimmten Belastungsart, die in etwa der Belastung bei Verlegeart C und 2 belasteten Adern, also bei einer offenen Verlegung von 1-phasigen Wechselstromkreisen entspricht. Für Verlegearten mit höherer thermischer Belastung als C (wie A1, A2, B1, B2), bei anderen Sicherungstypen oder bei mehr als zwei belasteten Adern (also bei Drehstrom-Stromkreisen) muss deshalb mit $I_2 = 1{,}6 \cdot I_n$ gerechnet werden. Eine entsprechende Umrechnung muss mit folgender Rechnung vorgenommen werden:

$$I_n \leq 1{,}45 \cdot \frac{I_Z}{X} \text{ bzw. } I_Z \leq I_n \cdot \frac{X}{1{,}45}$$

Das „X" in dieser Formel ist der Faktor, der angibt, um wie viel Mal bei dieser Überstrom-Schutzeinrichtung der große Prüfstrom I_2 (bzw. I_f oder I_t) größer ist als der Nennstrom: $I_2 = X \cdot I_n$

→ **Beispiel 1**

Für eine Überstrom-Schutzeinrichtung ist angegeben: $I_2 = 1{,}6 \cdot I_n$.
Damit liegt der Wert für X fest: $X = 1{,}6$.
Zwischen dem Nennstrom I_n der Überstrom-Schutzeinrichtung und der Strombelastbarkeit I_Z des zu schützenden Kabels (Leitung) muss also ein entsprechender Abstand berücksichtigt werden.
Zur Berechnung dieses Abstands wird obige Formel verwendet:

$$I_n \leq 1{,}45 \cdot \frac{I_Z}{1{,}6} = 0{,}91 \cdot I_Z$$

Der Nennstrom der Überstrom-Schutzeinrichtung darf in diesem Beispiel nur maximal 91 % der Strombelastbarkeit des Kabels (der Leitung) betragen.

→ **Beispiel 2**

Angenommen, es geht beim Beispiel 1 um folgenden Stromkreis:

Drehstromverbraucher mit $P = 25\,\text{kW}$; $\cos \varphi = 1$

Zuleitung in Verlegeart C, ohne Häufung und bei Umgebungstemperatur 25 °C

$$I_B \le \frac{25.000\ \text{VA}}{\sqrt{3} \cdot 400\,\text{V}} = 36\,\text{A}$$

Gewählte Leitung – nach Strombelastbarkeitstabelle: **NYM-J 5x6 mm²**

Ein Leiterquerschnitt von 6 mm² hat bei den angegebenen Umgebungsbedingungen eine Strombelastbarkeit von $I_Z = 43\,\text{A}$.

Gewählte Überstrom-Schutzeinrichtung: NH-Sicherung mit I_n **= 40 A**

Probe: $36\,\text{A} \le 40\,\text{A} \le 43\,\text{A}$

Die Auswahl scheint korrekt zu sein – allerdings muss bei Schmelzsicherungen die zweite Bedingung aus DIN VDE 0100-430, Abschnitt 433.1 berücksichtigt werden.

Nach der Herstellernorm gilt für Schmelzsicherungen: $I_f = 1{,}6 \cdot I_n$

Aus diesem Grund muss, wie im Beispiel 1 angegeben, der Abstand zwischen I_Z und I_n berechnet werden:

$$I_n \le 1{,}45 \cdot \frac{I_Z}{1{,}6} = 0{,}91 \cdot I_Z = 0{,}91 \cdot 43\,\text{A} = 39\,\text{A}$$

$$I_n \le 39\,\text{A}$$

Die zweite Bedingung aus DIN VDE 0100-430, Abschnitt 433.1 wird mit einer Sicherung $I_n = 40\,\text{A}$ somit nicht erfüllt.

⇒ Leiterquerschnitt muss eine Stufe größer gewählt werden:
NYM-J 5x10

Diese Leitung hat nach Tabelle eine Strombelastbarkeit von $I_Z = 63\,\text{A}$.

Probe für die zweite Bedingung:

$$I_n \le 0{,}91 \cdot I_Z = 0{,}91 \cdot 63\,\text{A} = 57\,\text{A}$$

$$I_n \le 57\,\text{A}$$

Die Sicherung mit $I_n \le 40\,\text{A}$ kann gewählt werden ($40\,\text{A} \le 57\,\text{A}$); möglich wäre auch eine Sicherung mit $I_n = 50\,\text{A}$ ($50\,\text{A} \le 57\,\text{A}$).

Probe: $36 \le 40\,\text{A}\ (50\,\text{A}) \le 63\,\text{A}$

Was aus den Anforderungen nach DIN VDE 0100-430, Abschnitt 433 leider nicht ohne Weiteres hervorgeht, ist folgende Tatsache: Bei der oben erwähnten ersten Bedingung werden die Werte mit dem mathematischen Zeichen „≤“ verknüpft. Das bedeutet, dass im Extremfall folgende Beziehung noch möglich ist:

$$I_B = I_n = I_Z$$

Zur rechten Seite dieser Bedingung ($I_n = I_Z$) wurde zuvor schon einiges gesagt. Bei Schmelzsicherungen wäre das Gleichheitszeichen kritisch zu hinterfragen. Aber auch bei LS-Schaltern sollte die Gleichsetzung „$I_n = I_Z$“ nur in Erwägung gezogen werden, wenn sichergestellt ist, dass die tatsächliche Strombelastung (I_B) nicht als Dauerbelastung auftritt und dabei in der Höhe sehr nahe beim Nennstrom der Sicherung liegt. Wenn dann noch zusätzlich immer wieder geringe, kurzzeitige Überlastungen auftreten, die nicht sofort zu Abschaltung führen, kann die Lebensdauer des zu schützenden Kabels (Leitung) extrem verkürzt werden.

Aber auch die linke Seite der vorgenannten Bedingung ($I_B = I_n$) ist kritisch. Hier geht es um den sogenannten „kleinen Prüfstrom“ I_1. In den Herstellernormen wird dieser Strom bei LS-Schaltern mit I_{nt} und bei Sicherungen mit I_{nf} bezeichnet.

Dabei geht es um einen Überstrom, der bis zu einer festgelegten Prüfdauer (wie zuvor schon erläutert) im Gegensatz zum vorgenannten großen Prüfstrom keine Abschaltung hervorrufen darf. Mit anderen Worten: Ab einem Überstrom in der Höhe von I_1 ist eine Abschaltung innerhalb einer Zeit, die über der festgelegten Prüfdauer liegt, möglich. Im Bild 2.1 dieses Buchs wird dieser Strom im Kopf des Diagramms angegeben.

Der kleine Prüfstrom befindet sich auf der sogenannten „Nichtauslösekennlinie“, also der unteren Kennlinie im Diagramm. Ströme (abgelesen auf der X-Achse) bis zu dieser Linie dürfen in der entsprechenden Zeit (abgelesen auf der Y-Achse beim Wert der vereinbarten Prüfdauer und dem Schnittpunkt mit der Nichtauslösekennlinie) keine Abschaltung verursachen.

Der kleine Prüfstrom wird bei einer Umgebungstemperatur von 30 °C und ohne vorherige Belastung (also im kalten Zustand) ermittelt. Er liegt

- bei LS-Schaltern 13 % über seinem Nennstrom ($I_1 = 1{,}13 \cdot I_n$),
- bei Sicherungen je nach Nennstrom 25 % oder 50 % über ihrem Nennstrom ($I_1 = 1{,}25 \cdot I_n$ oder $1{,}5 \cdot I_n$).

Damit dürfte klar sein, dass bei einem belasteten LS-Schalter, über den ein Dauerstrom in Höhe seines Nennstroms fließt, eine ungewollte Auslösung nicht sicher ausgeschlossen werden kann, weil bei höheren Temperaturen, die im Betriebszustand üblicherweise entstehen, durchaus ein Temperaturdrift vermutet werden kann, der den Punkt bei I_1 auf der Nichtauslösekennlinie in die Nähe des Nennstroms verschieben kann.

Auch eine Häufung von belasteten LS-Schaltern auf der Hutschiene einer Verteilung kann eine thermische Beaufschlagung hervorrufen, die den Punkt bei I_1 im Diagramm (siehe Bild 2.1 in diesem Buch) nach links verschiebt und schon bei Strömen in der Höhe des Nennstroms eine Auslösung möglich macht. Hersteller geben deshalb bei derartigen Häufungen einen Reduktionsfaktor an, der einen entsprechenden Abstand zwischen I_n und I_B im linken Teil der ersten Bedingung aus DIN VDE 0100-430, Abschnitt 433.1 ($I_B \leq I_n$) vorsieht (siehe **Bild 2.2**).

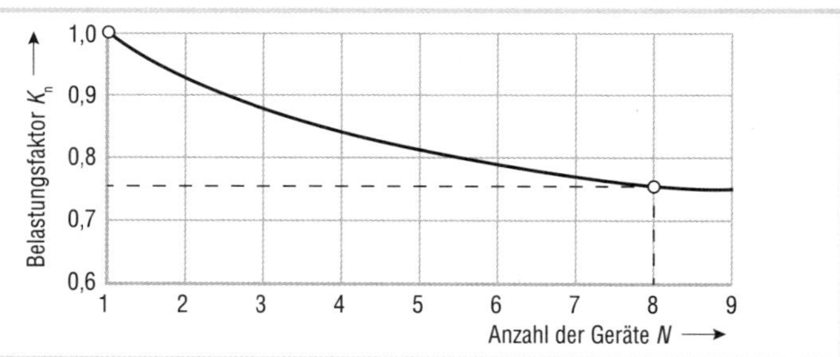

Bild 2.2 *Reduktionsfaktor für die Häufung von LS-Schaltern auf der Hutschiene*
Der Faktor „*K*" muss mit dem Nennstrom des LS-Schalters multipliziert werden. Das Ergebnis gibt den maximalen Betriebsstrom (I_B) an, mit dem der LS-Schalter belastet werden darf.

Quelle: Technische Informationen zu Leitungsschutzschaltern, ABB

Beispiel:
Bei acht voll belasteten LS-Schaltern auf der Hutschiene muss ein Belastungsfaktor von 0,77 berücksichtigt werden. Das bedeutet, dass ein LS-Schalter mit einem Nennstrom von 16 A maximal mit 16 A · 0,77 = 12,3 A dauerhaft belastet werden darf.

Schmelzsicherungen sind in dieser Hinsicht etwas unempfindlicher, weil der kleine Prüfstrom bei ihnen relativ weit vom Nennstrom entfernt liegt.

Abschließend kann gesagt werden, dass folgende Überstrom-Schutzeinrichtungen die zweite Bedingung aus DIN VDE 0100-430, Abschnitt 433.1 automatisch einhalten:

- Leitungsschutzschalter (LS-Schalter) nach Normen der Reihe VDE 0641,
- Leistungsschalter nach DIN EN 60947-2 (VDE 0660-101),
- NH-Sicherungen und D- bzw. D0-Sicherungen der Betriebsklasse gG nach Normen der Reihe VDE 0636 – allerdings nur bei 2 belasteten Adern sowie bei Verlegeart C (offen verlegte Kabel und Leitungen für 1-phasige Wechselstromkreise).

2.1.3 Kurzschlussschutz

Bezüglich des Kurzschlussschutzes muss bei der Auswahl von Überstrom-Schutzeinrichtungen berücksichtigt werden, dass der höchstmögliche Kurzschlussstrom nicht das Schaltvermögen der Schutzeinrichtung übersteigt. Im privaten Wohnungsbau und Kleingewerbe wird diese Höhe durch den Netzbetreiber vorgegeben. In den Technischen Anschlussbedingungen (TABs) wird im Abschnitt 6.2.4 festgelegt, dass vom Planer bzw. Errichter der elektrischen Anlage folgende maximalen Kurzschlussströme zu berücksichtigen sind:

- 25 kA für das Hauptstromversorgungssystem von der Übergabestelle des Netzbetreibers bis einschließlich zur letzten Überstrom-Schutzeinrichtung bzw. Hauptleitungsabzweigklemme vor der Messeinrichtung,
- 10 kA für die Betriebsmittel zwischen der letzten Überstrom-Schutzeinrichtung bzw. Hauptleitungsabzweigklemme vor der Messeinrichtung und dem Stromkreisverteiler.

Darüber hinaus wird für die Überstrom-Schutzeinrichtungen der Endstromkreise im Stromkreisverteiler in TAB, Abschnitt 8 ein Bemessungsschaltvermögen von 6 kA festgelegt.

In industriell genutzten Anlagen und besonders da, wo der Betreiber der Anlage einen eigenen Transformator nutzt und vom Netzbetreiber lediglich eine Mittelspannungseinspeisung erhält, werden sicher andere Werte eingesetzt werden müssen. Hier ist es wichtig, die maximalen Kurzschlussströme für die verschiedenen Knoten- bzw. Verteilungspunkte zu bestimmen, damit in jeder Verteilungsebene die Schutzeinrichtungen mit den ausreichenden Bemessungsschaltvermögen vorgesehen werden können.

Darüber hinaus müsste jedoch noch der kleinste Kurzschlussstrom berücksichtigt werden, weil der noch hoch genug ausfallen muss, um eine rechtzeitige Abschaltung hervorzurufen, bevor die Kabel- und Leitungsisolationen im Kurzschlussfall beschädigt werden können.

Die Impedanzen der Fehlerschleife bei einem Kurzschluss werden im Wesentlichen durch die Impedanzen der beteiligten Leiter und der Impedanz der Stromquelle vorgegeben. Da für die Berechnung der Impedanzen der Leiter deren Länge ausschlaggebend ist, muss für die Stromkreise im Gebäude bis zum möglichen Fehlerort eine Grenzlänge festgelegt werden, damit auch beim kleinstmöglichen Kurzschlussstrom (also bei der maximalen Leitungslänge) eine rechtzeitige Abschaltung möglich ist.

Da die Überstrom-Schutzeinrichtung jedoch nicht zwischen Kurzschluss und Überlast unterscheiden kann, wäre für sie ein kleiner Kurzschluss im Grunde genommen eine Überlastung. Wenn also die Bedingungen des Überlastschutzes eingehalten werden, kann auf eine Grenzlängenbetrachtung verzichtet werden. In der Vorgängerausgabe zum Beiblatt 5 aus DIN VDE 0100 hieß es im Abschnitt 1.2 hierzu wörtlich:

„Die Grenzlängen brauchen nicht berücksichtigt werden, wenn der Schutz bei Kurzschluss von der Überstrom-Schutzeinrichtung sichergestellt wird, die auch für den Schutz bei Überlast ausgelegt ist.“

Wenn außerdem das Bemessungsschaltvermögen der für den Überlastschutz ausgewählten Schutzeinrichtung mindestens so groß ist wie der höchstmögliche Kurzschlussstrom am Einbauort, ist eine weitere Betrachtung zur Auswahl der Schutzeinrichtung im Kurzschlussfall nicht erforderlich.

Weitere Einzelheiten zur Kurzschlussstromberechnung sind nachzulesen z. B. in:

- *Schmolke, H.*: Auswahl und Bemessung von Kabeln und Leitungen
- *Schmolke, H.*: Brandschutz in elektrischen Anlagen,

beide erschienen im Hüthig Verlag.

2.2 Schutzeinrichtungen nach DIN VDE 0100-420

2.2.1 Fehlerstromschutz für einen vorbeugenden Brandschutz

Während Schutzeinrichtungen für den Schutz bei Überstrom (siehe vorherigen Abschnitt 2.1) in jedem Stromkreis stets erforderlich sind, geht es beim Schutz durch Fehlerstromüberwachung nach DIN VDE 0100-420 nicht um eine pauschale Forderung, die für jeden Stromkreis und in allen Gebäude- bzw. Raumarten vorgesehen werden muss. Vielmehr geht es bei den Anforderungen dieser Norm immer um bestimmte Räumlichkeiten oder um spezielle Anlagensituationen, die in der Norm auch an entsprechender Stelle festgelegt werden. Dies können Orte und Bereiche sein, die als feuergefährdete Betriebsstätten eingestuft wurden, oder es sind Gebäude oder Räume, in denen ein hohes Gefährdungspotenzial oder ein besonderes Sicherheitsbedürfnis vorausgesetzt werden muss (z. B. elektrische Anlagen in landwirtschaftlichen Betrieben, in Museen oder in Holzständerwänden).

2.2.1.1 Fehlerstrom-Schutzeinrichtung (RCD) in feuergefährdeten Betriebsstätten

Bis 1997 wurden typische Brandschutzmaßnahmen für Bereiche, die man allgemein *„feuergefährdete Betriebsstätten"* nannte, vor allem in VDE 0100 Teil 720 festgelegt. Bereits in dieser Ausgabe der Norm wurden zum Schutz von Kabeln und Leitungen Fehlerstrom-Schutzeinrichtungen (RCDs) gefordert. Dort war allerdings noch von einem maximalen Bemessungsdifferenzstrom $I_{\Delta n} \leq 0{,}5\,A$ die Rede. Erst mit Herausgabe von VDE 0100-482, die im August 1997 die VDE 0100 Teil 720 ersetzte, wurde für den Brandschutz bei besonderen Gefährdungen (also in feuergefährdeten Betriebsstätten) eine RCD mit $I_{\Delta n} \leq 300\,mA$ gefordert.

Aktuell findet man diese Anforderung in DIN VDE 0100-420 im Abschnitt 422.3.9. Im Zusammenhang geht es um Orte und Bereiche, die in dieser Norm *„Räume und Orte mit besonderen besonderem Brandrisiko – Feuergefährdete Betriebsstätten"* genannt werden. Ob ein Gebäude, Raum oder Raumbereich als feuergefährdete Betriebsstätte eingestuft werden muss und deshalb diese Anforderungen anzuwenden sind, muss vor der Errichtung, z.B. bei der Planung entschieden werden. Die Verantwortung für diese Entscheidung trägt nicht der Planer oder Errichter, sondern der Betreiber der elektrischen Betriebsstätte (z.B. der Unternehmer). In DIN VDE 0100-420, Abschnitt 422.3.9 heißt es wörtlich:

„In TN- und TT-Systemen müssen Fehlerstrom-Schutzeinrichtungen (RCDs) mit einem Bemessungsdifferenzstrom $I_{\Delta n} \leq 300\,mA$ eingesetzt werden. Wo widerstandsbehaftete Fehler einen Brand entzünden können, z.B. bei Deckenheizungen mit Flächenheizelementen, muss der Bemessungsdifferenzstrom der Fehlerstrom-Schutzeinrichtung (RCD) $I_{\Delta n} \leq 30\,mA$ betragen."

Hinweis: Allerdings bezieht sich diese Anforderung in der europäisch abgestimmten Norm lediglich auf Endstromkreise. Da die Mitarbeiter in den Deutschen Normungsgremien jedoch mit Recht bezweifeln, dass Verteilerstromkreise ein geringeres Risiko einbringen als Endstromkreise, wurde in der Norm in einer deutschen (grauschattierten) Anmerkung darauf hingewiesen, dass auch in Verteilerstromkreisen RCDs vorgesehen werden sollten, wenn diese im feuergefährdeten Bereich verlegt wurden.

Die Anforderung nach einem Bemessungsdifferenzstroms $I_{\Delta n} \leq 300\,mA$ für feuergefährdete Betriebsstätten wurde auch in VDE 0100-530 (Schalt- und Steuergeräte), Abschnitt 532.2 übernommen. Dieser Normabschnitt trägt den Titel *„Fehlerstrom-Schutzeinrichtungen (RCDs) zum Schutz bei Brandrisiken"*. Wörtlich heißt es in diesem Abschnitt:

„Es müssen Fehlerstrom-Schutzeinrichtungen (RCDs) mit einem Bemessungsdifferenzstrom $I_{\Delta n} \leq 300\,mA$ verwendet werden."

2.2.1.2 Probleme beim Einsatz von Fehlerstrom-Schutzeinrichtungen (RCDs)

In der Praxis kommen nicht selten Situationen vor, in denen eine RCD nicht ohne Weiteres einsetzbar ist. Gründe können z.B. sein, dass im zu schützenden Stromkreis

- die Betriebsströme zu groß sind, da übliche RCDs nur bis maximal 125 A (Bemessungsstrom der RCD) angeboten werden oder

- die betriebsbedingten Ableitströme, die eine RCD zwangsläufig als „Fehlerströme" registriert, zu hoch liegen und deshalb ungewollte Abschaltungen erwartet werden müssen.

Bei zu großen Betriebsströmen empfiehlt DIN VDE 0100-420, Abschnitt 422.3.9 sowie DIN VDE 0100-530, Abschnitt 532.2 den Einsatz von Leistungsschaltern, die alle aktiven Leiter trennen können und zusätzlich folgende Charakteristika aufweisen:

a) Bei Betriebsströmen bis 250 A können Leistungsschalter mit integriertem Fehlerstromschutz (CBR) nach DIN EN 60947-2 (VDE 0660-101), Anhang B vorgesehen werden.
b) Wenn noch größere Betriebsströme beherrscht werden müssen, bieten sich ein modular (also externes) Fehlerstromgerät (MRCD) nach DIN EN 60947-2 (VDE 0660-101), Anhang M an.
c) Es werden Differenzstrom-Überwachungseinrichtungen (RCMs) nach DIN EN 62020 (VDE 0663) zusammen mit Leistungsschaltern (**Bild 2.3**) verwendet.

Sofern zu hohe Ableitströme erwartet werden, müssen gesonderte Maßnahmen in der Anlage vorgesehen werden, beispielsweise

- indem entsprechende Filter vorgesehen werden, die den Anteil der Oberschwingungsströme vermindern und damit die Ableitströme reduzieren.
- Alternativ oder zusätzlich kann auf eine geeignete Aufteilung der Stromkreise geachtet werden, sodass die Höhe der Ableitströme pro Stromkreis möglichst klein bleibt.
- Sofern die Ableitströme nicht zu hoch ausfallen und zusätzlich während des Betriebs relativ konstant bleiben, kann der Einsatz von RCMs Abhilfe schaffen, sofern diese die Möglichkeit bieten, die Empfindlichkeit des Gerätes so einzustellen, dass die betriebsbedingten Ableitströme für die RCM „unsichtbar" bleiben.

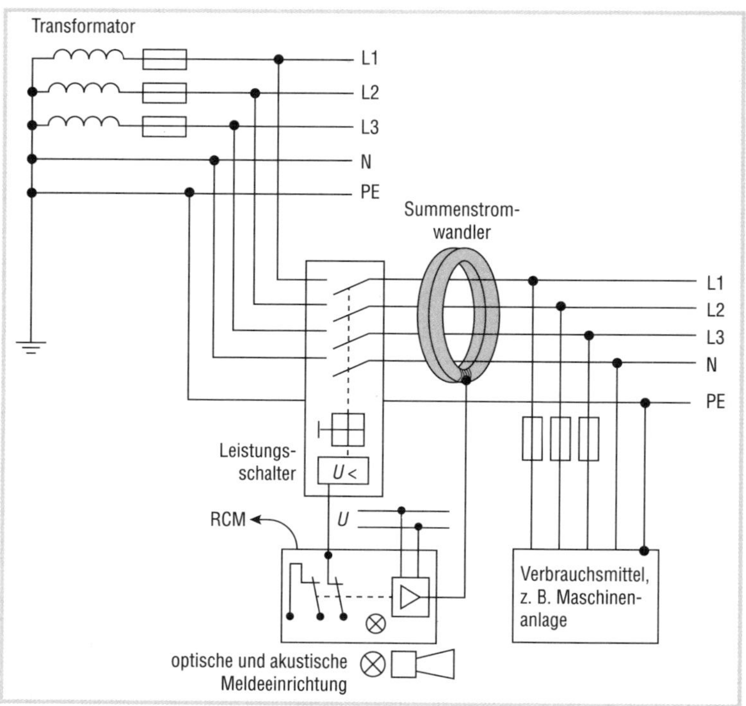

Bild 2.3 *Überwachung eines Stromkreises in einem TN-System durch Meldung mittels Differenzstrom-Überwachungseinrichtung (RCM) und zusätzlicher Abschaltung über einen Leistungsschalter mit einer Unterspannungsauslösung*
Quelle: VdS 2349-1

2.2.1.3 Differenzstrom-Überwachungseinrichtung (RCM)

Sofern keine direkte Normanforderung besteht, Fehlerstrom-Schutzeinrichtungen (RCDs) vorzusehen, kann die Sicherheit vor Bränden durch eine konstante Überwachung mittels einer RCM (eng.: Residual Current Monitoring) erhöht werden (siehe **Bild 2.4**). Diese Schutzeinrichtung arbeitet im Prinzip ähnlich wie eine RCD (siehe Abschnitt 1.2.2.3.2 in diesem Buch), allerdings ohne eine Abschalteinrichtung. Fehlerströme, die der zugehörige (interne oder externe) Summenstromwandler registriert, führen also nicht zur Abschaltung, sondern werden lediglich gemeldet. Die Bedingung ist jedoch, dass diese Meldung nicht „ins Leere“

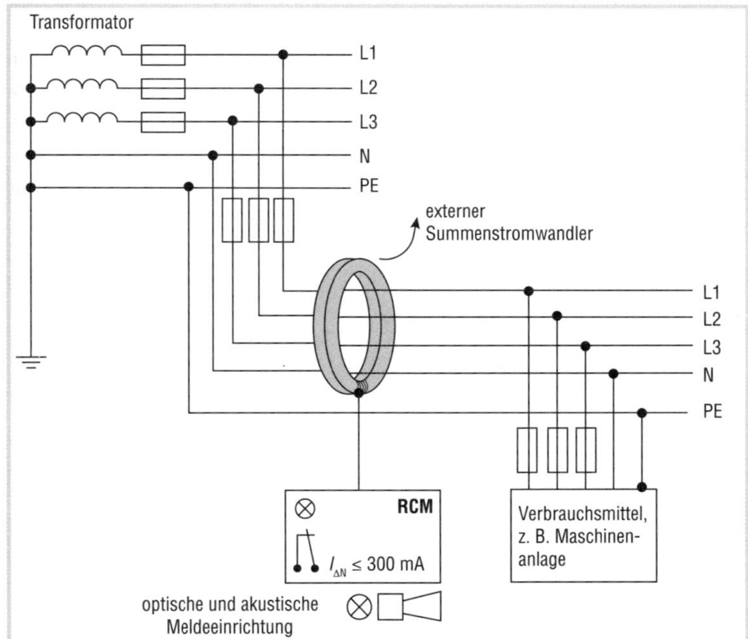

Bild 2.4 *Überwachung eines Stromkreises in einem TN-System durch Meldung mittels Differenzstrom-Überwachungseinrichtung (RCM) und Signalisierung an eine „besetzte Stelle"*
Quelle: VdS 2349-1

geht, sondern z.B. an einer ständig besetzten Stelle aufläuft, damit rechtzeitig entsprechende Maßnahmen eingeleitet werden können. Wenn die RCM über entsprechende externe Stromwandler betrieben wird, können auch Stromkreise mit höheren Betriebsströmen auf diese Weise überwacht werden.

Diese Möglichkeit wird auch in sogenannten VdS-Richtlinien (z.B. VdS 2349-1) vorgeschlagen. Damit können für den Fall, dass eine Abschaltung durch eine RCD, z.B. aus betrieblichen Gründen, vermieden werden muss, beginnende Isolationsverschlechterungen früh genug erkannt werden, bevor sich diese derart verschlimmern, dass Kurzschlüsse oder Fehlerlichtbögen entstehen können, die dann einen Ausfall des gesamten Stromkreises oder möglicherweise auch Brände hervorrufen.

In der Norm wird eine reine Überwachung bzw. Signalisierung allerdings nirgends festgelegt. Sobald deshalb Normanforderungen zu beachten sind (z. B. weil eine Einstufung als feuergefährdete Betriebsstätte vorliegt und deshalb Anforderungen nach DIN VDE 0100-420 beachtet werden müssen oder weil dies im Leistungsverzeichnis einer Ausschreibung so verlangt wird), muss ab einer bestimmten Höhe des Isolationsfehlerstroms (in der Regel ab 300 mA) eine Abschaltung stattfinden. Das bedeutet, dass die Anforderungen, wie in den vorherigen Abschnitten 2.2.1.1 und 2.2.1.2 beschrieben, erfüllt sein müssen.

Eine Ausnahme ist allerdings in DIN VDE 0105-100/A1 im Abschnitt 5.3.3.101.0.2 bezüglich der Isolationswiderstandsmessung zu finden. Dort heißt es wörtlich:

„Wenn ein Stromkreis durch ein Differenzstrom-Überwachungsgerät nach DIN EN 62020 (VDE 0663) oder eine Isolationsüberwachungseinrichtung nach DIN EN 61557-8 (VDE 0413-8) ständig überwacht wird und diese Überwachungseinrichtungen einwandfrei funktionieren, kann auf die Messung des Isolationswiderstands verzichtet werden.

Die einwandfreie Funktion der Differenzstrom-Überwachungsgeräte oder Isolationsüberwachungseinrichtungen muss geprüft werden. Dies kann z. B. durch Betätigen der Prüftaste erfolgen."

Durch die Erwähnung in einer aktuellen Norm darf vermutet werden, dass diese Alternative zur Isolationswiderstandsmessung auch von der Berufsgenossenschaft akzeptiert wird. Die Versicherer kennen diese Möglichkeit übrigens schon seit vielen Jahren, sie wird mit einer ähnlichen Formulierung z. B. in VdS 2046, Abschnitt 3.2.3 erwähnt.

Den Einsatz von RCMs mit zugehöriger Abschalteinrichtung wird auch in DIN VDE 0100-530 beschrieben. Im Abschnitt 532.2 wird die Alternative zum Schutz durch eine RCD in feuergefährdeten Betriebsstätten erwähnt und im Abschnitt 532.3 wird für den „Schutz bei Brandrisiken in IT-Systemen" festgelegt, dass auch eine RCM vorgesehen werden kann. Dort heißt es wörtlich:

„In IT-Systemen dürfen Differenzstrom-Überwachungseinrichtungen (RCMs) alternativ zu Fehlerstrom-Schutzeinrichtungen

(RCDs) nach 532.2 eingesetzt werden, vorausgesetzt, der Bereich wird von elektrotechnisch unterwiesenen Personen oder Elektrofachkräften überwacht."

Allerdings wird in Deutschland in IT-Systemen stattdessen überwiegend eine Isolationsüberwachung (IMD) vorgesehen. Weitere Anwendungsmöglichkeiten von RCMs werden im Abschnitt 5 dieses Buchs beschrieben.

2.2.2 Lichtbogen-Schutzeinrichtungen für den vorbeugenden Brandschutz

2.2.2.1 Einführung

Lichtbögen, die an Isolationsfehlerstellen auftreten, sind nicht selten. Je nachdem, wo sie auftreten, können sie enorme Schäden anrichten. Doch gleichgültig, wo sie auftreten und welche Energie sie freisetzen, sie kommen auf alle Fälle als Brandursache infrage.

Die Norm (vor allem DIN VDE 0100-420) unterscheidet zwischen

- einem **Störlichtbogen**, der überwiegend in einer Schaltanlage – z. B. im Bereich der Sammelschiene – auftritt (siehe nachfolgenden Abschnitt 2.2.2.2) und
- einem **Fehlerlichtbogen**, der im Endstromkreis oder in den angeschlossenen Geräten (ortsveränderlichen Betriebsmitteln) auftritt (siehe nachfolgenden Abschnitt 2.2.2.3).

Pauschal kann gesagt, werden, dass ein Störlichtbogenschutz in VDE-Normen nirgends pauschal gefordert wird. Ein Fehlerlichtbogen dagegen muss in bestimmten Gebäuden, Räumen oder Raumbereichen vorgesehen werden. Dies wird in den nachfolgenden Abschnitten näher erläutert.

2.2.2.2 Störlichtbogen-Schutzeinrichtung

Störlichtbögen entstehen durch Isolationsfehler zwischen aktiven Teilen innerhalb einer Schaltanlage. Die Ursachen sind vielfältig:

- Beim Arbeiten unter Spannung werden (meist durch menschliches Versagen) Fehler gemacht, indem unter Spannung stehende Teile überbrückt werden.
- Durch Verschmutzung und Feuchtigkeit wird der Isolationszustand in der Schaltanlage verschlechtert.

- Überspannungen zünden einen Lichtbogen.
- Die Schaltanlage wurde falsch dimensioniert bzw. montiert, sodass kein sicherer Abstand zwischen aktiven Teilen gewährleistet ist.
- Durch nachträgliche Montagen wurde der Isolationszustand gefahrdrohend verschlechtert.
- Leitfähige Fremdkörper (z. B. vergessene Werkzeuge oder Tiere) geraten in das Innere der Schaltanlage.

Je nach Störlichtbogenklasse entsprechend DIN EN 61439-2 Bbl. 1 (VDE 0660-600-2 Bbl. 1) wird die Schottung und Ausführung der Schaltanlagen bzw. der Feldabschnitte einer Schaltanlage so ausgeführt, dass die Auswirkung von möglichen Störlichtbögen begrenzt werden kann. Doch diese Schottungsmaßnahmen können selbstverständlich einen Störlichtbogen nicht verhindern; sie versuchen lediglich die Auswirkung in Grenzen zu halten. Von einem Störlichtbogenschutz im eigentlichen Sinn des Wortes kann also keine Rede sein.

Eine Einrichtung für einen tatsächlichen Störlichtbogenschutz wird in DIN VDE 0100-420, Abschnitt 421.3 „Störlichtbogen-Schutzeinrichtung“ genannt. Wörtlich heißt es dazu:

„Schutzeinrichtungen zum Schutz bei Auftreten von Lichtbögen sollten installiert werden, wenn von der elektrischen Anlage hohe Anforderungen an die Verfügbarkeit erwartet werden.“

Eine solche Schutzeinrichtung vorzusehen, ist demnach keine Verpflichtung. Vielmehr entscheidet der Betreiber, ob die Verfügbarkeit für ihn eine ausreichend große Rolle spielt, sodass sich die Anschaffung einer derartigen Schutzeinrichtung lohnt. Für den Fall, dass ein solcher Schutz vorgesehen werden soll, werden im vorgenannten Normabschnitt allerdings einige Anforderungen klar festgelegt:

a) Fehlauslösungen müssen unter allen Umständen verhindert werden.

b) Die Zeit für die Lichtbogenlöschung muss extrem kurz sein, weil die zerstörerische Wirkung des Lichtbogens bereits nach wenigen Millisekunden beginnt (siehe **Bild 2.5**).

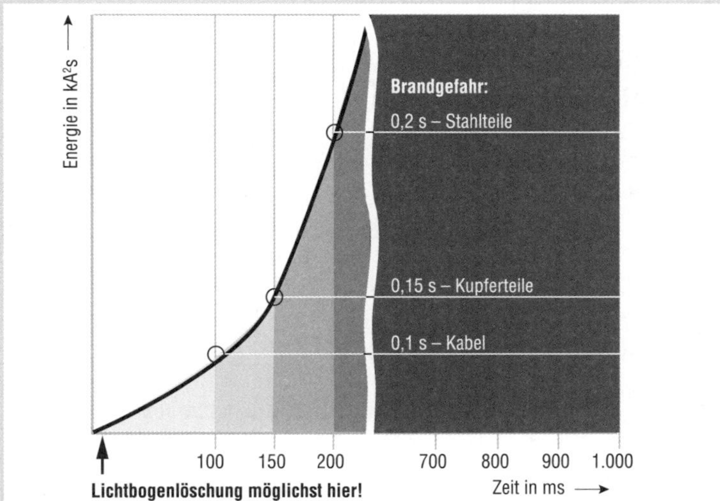

Bild 2.5 *Auswirkung eines Lichtbogens*

Zu a):

Um Fehlauslösungen zu verhindern, müssen zwei separate physikalische Faktoren gleichzeitig erkannt werden: Die *Lichtwirkung*, die vom ersten Augenblick der Lichtbogenentstehung auftritt, und der *Stromanstieg*, der ebenfalls sofort registriert werden kann.

Zu b):

Der Lichtbogen muss in maximal 5 ms gelöscht werden. Dies wird gewährleistet, wie in **Bild 2.6** dargestellt, durch das Zusammenwirken der folgenden Maßnahmen:

- Der Bereich, in dem ein Lichtbogen erwartet wird (z. B. das Innere einer Schaltanlage) wird optisch überwacht (z. B. mittels Lichtsensoren).
- Der Strom wird mittels Stromwandler (Stromsensoren) überwacht.
- Sobald die beiden vorgenannten Signale (Licht- und Stromsignal) gleichzeitig auftreten, werden die Stromschienen (L1, L2 und L3) des Sammelschienensystems in der Schaltanlage in wenigen Millisekunden untereinander mittels einer speziellen Kurzschlussvorrichtung weitgehend widerstandslos verbunden.

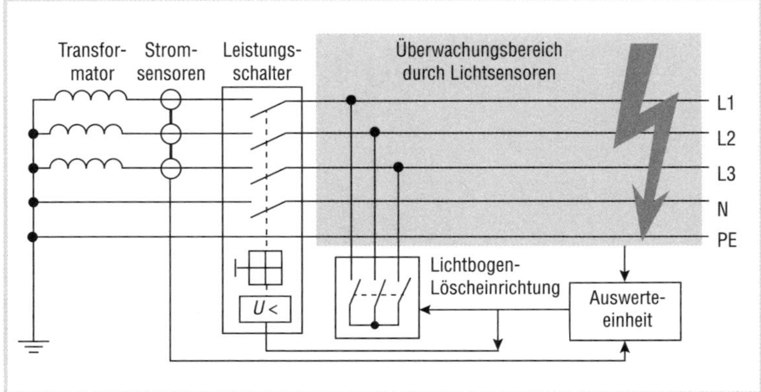

Bild 2.6 *Beispiel einer Störlichtbogenschutzeinrichtung nach DIN VDE 0100-420*
Quelle: VdS 2349-1

Die Signale der Lichtsensoren und der Stromsensoren werden hierfür auf eine Auswerteeinheit geschaltet. Sobald diese parallel beide Signale registriert, sendet sie einen Auslöseimpuls an die vorgenannte Kurzschlussvorrichtung. Der so entstehende Kurzschluss entzieht dem Lichtbogen die Energie, sodass er augenblicklich verlöscht. Diese Ereigniskette muss nach Norm innerhalb von maximal 5 ms abgewickelt werden. Natürlich gehört dazu auch ein Leistungsschalter, der den so entstandenen (rein galvanischen) Kurzschluss schnellstmöglich abschaltet. Dieser Leistungsschalter wird den Stromanstieg nicht nur selbst registrieren, vielmehr erhält er zusätzlich von der Auslöseeinheit ein entsprechendes Auslösesignal.

Voraussetzung ist natürlich, dass die Schaltanlage korrekt ausgelegt wurde und einen satten Kurzschluss sicher und ohne Vorschädigungen abschalten kann.

Typisch werden solche Schutzeinrichtungen in industriell genutzten elektrischen Anlagen vorgesehen, bei denen ein Betriebsausfall durch einen Lichtbogen hohe Kosten oder große Gefahren verursachen kann.

2.2.2.3 Fehlerlichtbogen-Schutzeinrichtung

2.2.2.3.1 Allgemeines zur Schutzeinrichtung

In VDE-Normen sind Körper- und Kurzschlüsse in der Regel impedanzlos. So heißt es z.B. in DIN VDE 0100-410, Abschnitt 411.3.2.1:

„Eine Schutzvorrichtung muss die Versorgung zu den Außenleitern eines Stromkreises oder eines Betriebsmittels im Falle eines Fehlers vernachlässigbarer Impedanz zwischen dem Außenleiter und einem Körper oder einem Schutzleiter des Stromkreises oder des Betriebsmittels innerhalb der in 411.3.2.2, 411.3.2.3 oder 411.3.2.4 geforderten Abschaltzeit automatisch abschalten."

Ein Übergangswiderstand an der Fehlerstelle wird also nicht betrachtet. Aufgrund des Schlusses fließt zwar ein mehr oder weniger großer Fehlerstrom (bzw. Kurzschlussstrom), aber aufgrund des fehlenden Überganswiderstands entsteht an der Fehlerstelle keine gefährliche Verlustwärme. Aus der Sicht des Brandschutzes sind solche Körper- und Kurzschlüsse eher als Idealfall zu betrachten, da am Fehlerort keine Zündenergie für Brände entsteht und die vorgeschaltete Überstrom-Schutzeinrichtung in kürzester Zeit für eine Abschaltung sorgt.

In der Praxis sind Körper- und Kurzschlüsse jedoch häufig „widerstandsbehaftet", wobei der Übergangswiderstand an der Fehlerstelle auch durch einen Lichtbogen am Ort des Schlusses entstehen kann. Besonders in Endstromkreisen, vor allem im Anschlussbereich von Verbrauchsmitteln oder in der Zuleitung zu einem ortsveränderlichen Gerät, kann ein schlechter Isolationszustand oder ein Leiterbruch früher oder später zu einem Lichtbogen führen, der zunächst über kurze Distanz einen widerstandsbehafteten Stromübergang hervorruft.

Solche Übergangswiderstände sind unter anderem auch der Grund, warum aus Sicht des Brandschutzes gerne Fehlerstrom-Schutzeinrichtungen (RCDs) vorgesehen werden, weil hier bereits geringe Fehlerströme, die über den Schutzleiter oder andere leitfähige Teile fließen, für eine rechtzeitige Abschaltung sorgen.

In der Praxis entstehen Lichtbögen in Endstromkreisen nicht selten durch Leiterbrüche, schlechte Klemmverbindungen oder

Quetschungen von Kabeln und Leitungen (siehe **Bild 2.7**). Problematisch wird dies, wenn der Lichtbogen (z. B. bei einem Leiterbruch) sozusagen in Reihe mit dem angeschlossenen Verbraucher liegt (siehe die rechte Darstellung im Bild 2.7). Ein solcher Fehler erhöht den Betriebsstrom natürlich nicht, vielmehr reduziert er ihn. Eine Überstrom-Schutzeinrichtung hat hier deshalb keine Chance. Aber auch eine RCD ist hier überfordert, weil der Strom den betrieblich vorgesehenen Stromweg über die aktiven Leiter nimmt.

DIN VDE 0100-420, Abschnitt 421.7 fordert deshalb für bestimmte Orte bzw. Räumlichkeiten eine sogenannte **Fehlerlichtbogen-Schutzeinrichtung AFDD** (von „Arc Fault Detection Device"). Häufig wird dieser Schalter auch kurz *„Brandschutzschalter"* genannt. Diese Schutzeinrichtung soll die zuvor beschriebene Lücke (serielle Lichtbögen) schließen (siehe **Tabelle 2.1**). Natürlich muss eine solche Schutzeinrichtung der Herstellernorm DIN EN 62606 (VDE 0665-10) entsprechen.

Eine AFDD besteht aus einer Erfassungseinrichtung (AFD-Einheit, siehe **Bild 2.8**) und einer zugehörigen Schalteinrichtung. Zusammen ergeben diese beiden Teile die vorgenannte AFDD. Unterschieden werden zudem noch AFDDs bestehend aus

- einer AFD-Einheit mit einer entsprechenden Ausschaltvorrichtung,

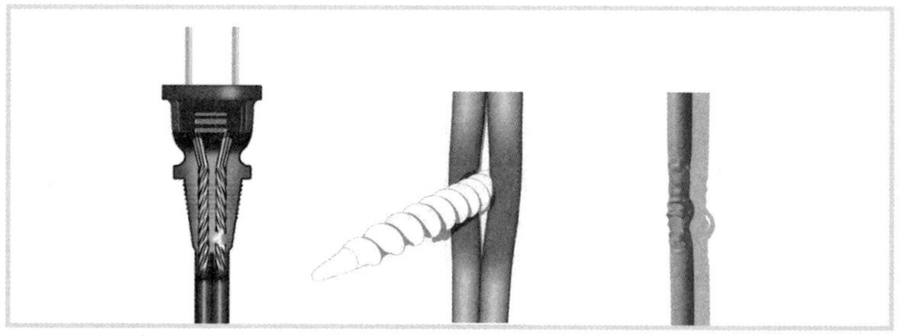

Bild 2.7 *Entstehung eines seriellen Lichtbogens an einem Stecker (links im Bild); solche Lichtbögen können weder durch eine Überstrom-Schutzeinrichtung noch durch eine Fehlerstrom-Schutzeinrichtung (RCD) registriert werden. In der Bildmitte (Defekt durch Anbohren) sowie rechts im Bild (Defekt durch Nagetierfraß oder mechanische Einwirkung) sind mögliche Ursachen für Fehlerlichtbögen dargestellt.*

- einer AFD-Einheit mit integriertem Leitungsschutzschalter oder mit integrierter Fehlerstrom-Schutzeinrichtung (bzw. beides),
- einer separaten AFD-Einheit, die vor Ort mit einem Leitungsschutzschalter oder einer Fehlerstrom-Schutzeinrichtung kombiniert wird.

Lichtbogenart	Erfassung
seriell	Wird *weder* durch **RCD** *noch* durch **Überstromschutzeinrichtung** erfasst. Durch **AFDD** sicher erfassbar.
parallel Außenleiter – Neutralleiter/ Außenleiter – Außenleiter	Wird *nicht* durch **RCD** und nur *begrenzt* durch **Überstromschutzeinrichtung** erfasst. Durch **AFDD** sicher erfassbar.
parallel Außenleiter – Schutzleiter	Wird durch **RCD** erfasst, *begrenzt* durch **Überstromschutzeinrichtung** erfasst. Durch **AFDD** sicher erfassbar.

Tabelle 2.1 *Darstellung verschiedener Lichtbogenarten mit Kennzeichnung der Schutzeinrichtung, die für eine Abschaltung sorgen kann bzw. die für den dargestellten Fehler ungeeignet ist.*

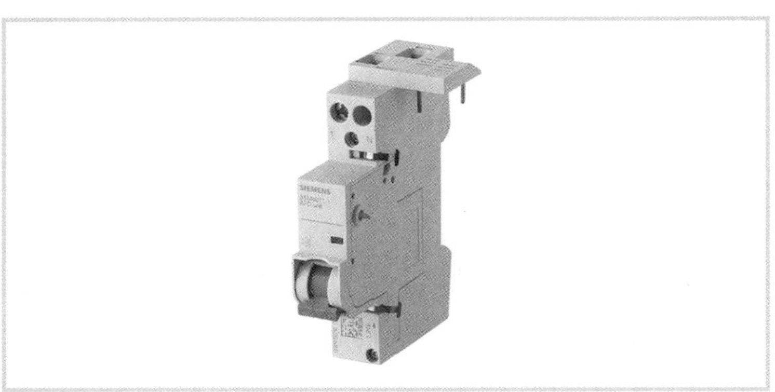

Bild 2.8 *AFD-Einheit, an die (an der rechten Seite) eine Abschalteinrichtung, z. B. ein LS-Schalter, angebracht werden kann*

Eine AFDD reagiert nicht auf die Stromhöhe (wie ein LS-Schalter) oder auf Differenzströme (wie eine RCD), sondern sie registriert das Frequenzspektrum des Stroms. Lichtbögen weisen eine ganz besondere Frequenzstruktur auf, die sie dem Strom aufprägen. Die AFDD erkennt diese Struktur und kann somit den Lichtbogen identifizieren und eine Abschaltung hervorrufen. Dabei unterscheidet die AFDD zwischen betriebsbedingten Lichtböen, die z. B. bei Schaltvorgängen oder am Kollektor von Motoren auftreten können, und realen Fehlerlichtbögen.

Bezüglich der Registrierung und Abschaltung der AFDD sind besonders die seriellen Lichtbögen (Reihenfehlerlichtbögen) problematisch, da die Lichtbogenströme in diesem Fall zum Teil sehr gering sein können. Dennoch fordert DIN EN 62606 (VDE 0665-10) auch bei einem geringen Lichtbogenstrom eine möglichst schnelle Abschaltung. Beispielsweise muss ein Lichtbogenstrom von 2,5 A in spätestens 1 s abgeschaltet werden. Bei einem Strom im Lichtbogen von 32 A bis 63 A wird eine Abschaltung in maximal 120 ms gefordert.

Höhere Lichtbogenströme, wie sie z. B. bei Parallelfehlerlichtbögen auftreten können, müssen noch schneller abgeschaltet werden. Ab einem Lichtbogenstrom von 150 A beträgt die maximale Abschaltzeit nur noch 80 ms.

2.2.2.3.2 Forderungen nach AFDDs in Stromkreisen

VDE 0100-420, Abschnitt 421.7 fordert AFDDs in einphasigen Endstromkreisen vorzusehen, die für einen Betriebsstrom bis 16 A bemessen sind und die sich an den folgenden Orten bzw. in den folgenden Räumen befinden:

a) Schlaf- oder Aufenthaltsräumen von Heimen oder Tageseinrichtungen für Kinder, behinderte oder alte Menschen,
b) Schlaf- oder Aufenthaltsräumen von barrierefreien Wohnungen nach DIN 18040-2,
c) feuergefährdeten Betriebsstätten (siehe Abschnitt 2.2.1.1 in diesem Buch) sowie in Fällen, wo Kabel und Leitungen sowie Installationsgeräte usw. direkt in brennbarer Umgebung errichtet werden müssen (z. B. in Einrichtungsgegenständen, Hohl-

wandkonstruktionen oder möglicherweise auch in Gebäuden, die aus brennbarem Material bestehen),

d) Räumen oder Orten, in denen unersetzbare Güter aufbewahrt werden (z. B. Museen).

Bei Stromkreisen in folgenden Räumen oder an folgenden Orten wird der Schutz mittels einer AFDD empfohlen:

- in typischen Schlafräumen, z. B. von privaten Wohngebäuden,
- in Räumen oder Orten mit einer Zwangsbelüftung oder wo bei einem Brand durch die Form der Räumlichkeit ein Kamineffekt entstehen kann (z. B. bei Hochhäusern).

Nach Markteinführung der AFDDs und dem Erscheinen der aktuell gültigen VDE 0100-420 ergaben sich in Fachkreisen zahlreiche Fragen darüber, in welchen Stromkreisen der AFDD tatsächlich vorgesehen werden muss. Pauschal lässt sich Folgendes feststellen:

DIN VDE 0100-420 hat 2018 nachträglich eine Berichtigung (Ber 1) herausgegeben, in der es heißt:

„Von den Anforderungen kann abgewichen werden, wenn eine andere Lösung in gleicher Weise das vorgesehene Schutzziel ‚Vermeidung der Entstehung eines Brandes durch Fehlerlichtbogen' erreicht und auf Basis einer Risikobeurteilung ein anderer mindestens gleichwertiger Schutz sichergestellt wird."

Auch in Bezug auf Stromkreise in öffentlichen Gebäuden wurde in dieser Berichtigung einschränkend vermerkt, dass es hierzu eigene Anforderungsprofile gibt. Hier hat der „Arbeitskreis Maschinen und Elektrotechnik staatlicher und kommunaler Verwaltungen (AMEV)" eine Schrift herausgegeben: *„Fehlerlichtbogen-Schutzeinrichtung (AFDD)"*, in der eine Risikobetrachtung angegeben wird, mit der festgelegt werden kann, ob eine AFDD vorzusehen ist oder nicht.

Weiterhin kann gesagt werden:

1) Es gibt keine Anpassungsforderung für bestehende Anlagen, vorausgesetzt, dass eine Anpassung nicht durch Änderungen, Erweiterungen oder Neuinstallationen notwendig wird.
2) Es geht ausschließlich um einphasige Wechselstromkreise bis 16 A.

3) Die ersten beiden Spiegelstriche aus VDE 0100-420, Abschnitt 421.7a (Schlaf und Aufenthaltsräume von besonderen Einrichtungen) sind relativ eindeutig. Hier dürfte es keine Zweifel über die Notwendigkeit geben, AFDDs vorzusehen. Der Grund für die Anforderung in diesen Bereichen sind die möglicherweise schlecht gewarteten und zum Teil maroden an der Steckdose betriebenen Geräte, die in diesen Bereichen immer wieder vorkommen.
4) Elektrische Anlagen in Krankenhäuser fallen *nicht* in den Geltungsbereich von VDE 0100-420, Abschnitt 421.7a.
5) Für Holzhäuser gilt diese Forderung nach einem Brandschutzschalter nicht, wenn z. B. Wände mit Gipsbauplatten und nicht brennbaren Dämmstoffen errichtet wurden bzw. wenn die elektrischen Leitungen und Installationsgeräte von nicht brennbaren oder feuerhemmenden Stoffen umgeben sind.
6) Bei den Räumen und Orten mit Gefährdung von unersetzlichen Gütern geht es selbstverständlich ausschließlich um Räume oder Gebäude wie Museen, Galerien, Archive, Baudenkmäler sowie um ähnliche Räume oder Gebäude, bei deren Erhaltung und Nutzung besondere kulturhistorische, künstlerische, wissenschaftliche, technische, volkstümliche oder städtebauliche Gründe berücksichtigt werden müssen (siehe auch hierzu das zuvor erwähnte Papier der AMEV zur AFDD).
7) Von Fall zu Fall muss bewertet werden, ob bei bestimmten Bereichen, Räumen oder Gebäuden eine erhöhte Sachwertgefährdung vorliegt. Dies kann allerdings nur der Betreiber der Anlage oder dessen Versicherer festlegen. In diesem Fall zählen diese Bereiche bzw. Gebäude auch zu denen „mit Gefährdung von unersetzlichen Gütern“. Unter Umständen kann man dies auch von Räumen oder Gebäuden sagen, bei denen ein erhöhtes Betriebsunterbrechungsrisiko vorliegt, das erhebliche Kosten verursachen kann. Auch in diesem Fall sollte man den Betreiber oder dessen Versicherer befragen.

2.3 Zusammenfassung und Tabellen

In der **Tabelle 2.2** wird versucht, die verschiedenen Anforderungen nach Schutzeinrichtungen für einen vorbeugenden Brandschutz zu listen. Zum Verständnis der Tabelle ist es wichtig zu berücksichtigen, dass hier ausschließlich die Anforderungen nach Schutzeinrichtungen aus der Sicht des Sach- und Brandschutzes dargestellt werden. Die Überschneidungen mit den Anforderungen des Personenschutzes werden in den Fußnoten der Tabelle angegeben.

Art der Stromkreise bzw. Ort ihrer Errichtung	Überstrom-Schutzeinrichtung	RCD	AFDD
Schlaf- oder Aufenthaltsräume von Heimen oder Tageseinrichtungen für – Kinder, – behinderte oder alte Menschen	wird gefordert[a]	keine Forderung[b]	wird gefordert[c]
Schlaf- oder Aufenthaltsräume von barrierefreien Wohnungen nach DIN 18040-2	wird gefordert[a]	keine Forderung[b]	wird gefordert[c]
feuergefährdete Betriebsstätten	wird gefordert[a]	wird gefordert[d] $I_{\Delta n} \leq 300\,mA$ bzw. bei Gefahr von widerstandsbehafteten Fehlern (z. B. Flächenheizungen): $I_{\Delta n} \leq 30\,mA$	wird gefordert[c]
brennbare Umgebung, wie Möbel, Hohlwandinstallationen, brennbare Einrichtungsgegenstände	wird gefordert[a]	wird gefordert[d] $I_{\Delta n} \leq 300\,mA$ bzw. bei Gefahr von widerstandsbehafteten Fehlern (z.B. Flächenheizungen): $I_{\Delta n} \leq 30\,mA$	wird gefordert[c]
Räume mit unwiederbringlichen Sach- oder Vermögenswerten (unersetzlichen Gütern), wie Museen, Galerien	wird gefordert[a]	wird gefordert[d] $I_{\Delta n} \leq 300\,mA$ bzw. bei Gefahr von widerstandsbehafteten Fehlern (z. B. Flächenheizungen): $I_{\Delta n} \leq 30\,mA$	wird gefordert[c]

Tabelle 2.2 *Zusammenstellung der Anforderungen nach Schutzeinrichtungen für den vorbeugenden Brandschutz* (Teil 1/2)

Art der Stromkreise bzw. Ort ihrer Errichtung	Überstrom-Schutzeinrichtung	RCD	AFDD
EDV-, Rechenzentren, Serverräume usw.	wird gefordert[a]	keine Forderung[b]	empfohlen oder als Anforderung im Einzelfall (z. B. Forderung des Betreibers)
besondere Lager mit hochwertigem bzw. schwer zu beschaffendem Lagergut	wird gefordert[a]	empfohlen oder als Anforderung im Einzelfall (z. B. Forderung des Betreibers)[b]	empfohlen oder als Anforderung im Einzelfall (z. B. Forderung des Betreibers)
übrige Gebäude und Räume[e]	wird gefordert[a]	keine Forderung[b]	keine Forderung

a Überstrom-Schutzeinrichtungen können zusätzlich wegen der Forderung nach einer Fehlerschutzvorkehrung (siehe Abschnitt 1.2.2.3.1 in diesem Buch) gefordert sein und müssen dann zusätzlich die Anforderung nach einer Abschaltzeit (t_a) nach DIN VDE 0100-410, Abschnitt 411.3.2 erfüllen.
In jedem Fall kann ein LS-Schalter zusammen mit einer RCD (FI/LS-Schalter) oder mit einer AFD-Einheit zusammengefasst werden (AFDD, bestehend aus AFD-Einheit und LS-Schalter oder AFD-Einheit und FI/LS-Schalter).

b Aus der Sicht des Sach- und Brandschutzes fehlt eine Forderung, aber bei Steckdosenstromkreisen und ggf. auch bei Beleuchtungsstromkreisen besteht eine Forderung wegen Anforderungen zum zusätzlichen Schutz nach DIN VDE 0100-410, Abschnitte 411.3.3 und 411.3.4 (siehe Abschnitt 1.3 in diesem Buch). In den übrigen Stromkreisen müssen RCDs unter Umständen als Fehlerschutzvorkehrung vorgesehen werden (siehe Abschnitt 1.2.2.3.2 in diesem Buch).

c Die AFD-Einheit kann zusammen mit einem LS-Schalter, der für den Schutz bei Überstrom vorgesehen wurde, eine AFDD bilden oder mit der eventuell geforderten RCD bzw. mit beiden.

d Für Steckdosenstromkreise und für Beleuchtungsstromkreise in privaten Wohnbereichen sowie kleingewerblichen Anlagen ist eine RCD für den zusätzlichen Schutz nach DIN VDE 0100-410, Abschnitte 411.3.3 und 411.3.4 gefordert. Sofern eine RCD auch für den Fehlerschutz erforderlich wird, reicht eine einzige RCD mit $I_{\Delta n} \leq 30\,mA$. Ebenso kann in einem Stromkreis eine RCD, die für den Fehlerschutz und/oder den zusätzlichen Schutz vorgesehen wurde, auch die Aufgabe des vorbeugenden Brandschutzes mittels einer RCD nach DIN VDE 0100-420, Abschnitt 422.3.9 übernehmen, sofern $I_{\Delta n} \leq 300\,mA$ nicht überschritten wird.

e Räume und Orte mit explosionsgefährlichen Bereichen müssen gesondert betrachtet werden.

Tabelle 2.2 *Zusammenstellung der Anforderungen nach Schutzeinrichtungen für den vorbeugenden Brandschutz* (Teil 2/2)

3 Schutzeinrichtungen für einen Überspannungsschutz

3.1 Allgemeines

Vorweg muss betont werden, dass die Maßnahmen zum Überspannungsschutz nach Normen der Reihe DIN VDE 0100 nicht notwendigerweise Maßnahmen des äußeren Blitzschutz einschließen. Dass bei einer vorhandenen oder geplanten äußeren Blitzschutzanlage zwangsläufig Anforderungen an einen inneren Blitzschutz, der auch übliche Überspannungsmaßnahmen umfasst, notwendig werden, ist allen mit diesem Thema vertrauten Fachkräften bekannt. Denn wenn ein Blitz durch eine Blitzschutzanlage aufgefangen und der Blitzstrom gefahrlos in die Erde abgeleitet wird, entstehen ohne entsprechende Maßnahmen des inneren Blitzschutzes im Innern des Gebäudes gefährliche elektrische Potentialdifferenzen, die die technischen Einrichtungen zerstören und sogar Brände verursachen können.

Anforderungen an einen äußeren (einschließlich des inneren) Blitzschutzes, der auch vor direkten Blitzeinschlägen schützt, werden in Normen der Reihe DIN EN 62305 (VDE 0185-305) beschrieben. Solche Anforderungen werden in der Regel durch staatliche oder behördliche Vorschriften, wie Bauordnung (z. B. in der Schulbaurichtlinie – SchulBauR) oder Betriebssicherheitsverordnung BetrSichV (z. B. in der TRBS 2152-3) gefordert. Eine pauschale Forderung, eine äußere Blitzschutzanlage bei üblichen Gebäuden vorzusehen, findet man in VDE-Normen allerdings nicht.

Wenn das Risiko eines direkten Blitzeinschlags als zu gering angesehen und deshalb auf einen äußeren Blitzschutz verzichtet wird, können dennoch durch nahe oder entferne Blitzschläge oder durch Schalthandlungen gefährliche Überspannungsimpulse im Gebäude auftreten. Da solche Ereignisse statistisch sehr viel häufiger auftreten als der direkte Blitzeinschlag, wurden in den entsprechenden Normen Mindestanforderungen festgelegt, die das Risiko von Zerstörungen oder von gefährlichen Funkenbildungen minimieren sollen.

Vorrangig wird dieses Thema in DIN VDE 0100-443 sowie in DIN VDE 0100-534 behandelt.

3.2 Der Schutz vor Überspannungsschäden in elektrischen Anlagen

Die erste Pflicht des Planer ist, die Betriebsmittel in der elektrischen Anlage so auszuwählen, dass deren Bemessungs-Stoßspannung U_W (siehe DIN EN 60664-1 (VDE 0110-1)) der Überspannungskategorie entspricht, die für den vorgesehenen Ort der Errichtung veranschlagt wurde.

Die Bemessungs-Stoßspannung ist ein Wert für die Fähigkeit von Betriebsmitteln, den in der Norm festgelegten Maximalwert eines Überspannungsimpulses zu ertragen, ohne dass die Isolation zwischen aktiven Teilen des Betriebsmittels und dem Schutzleiter bzw. den mit dem Schutzleiter verbundenen Teilen Schaden nimmt (z. B. indem Überschläge verursacht werden). Die Bemessungs-Stoßspannung wird vom Hersteller des Betriebsmittels angegeben.

Die zuvor erwähnte Überspannungskategorie ist nach dem Internationalen Wörterbuch ein reiner „Zahlenwert", der bestimmte Anforderungen beim Auftreten von transienten (d. h. kurzzeitigen) Überspannungen festlegt. Dabei unterscheidet man die Überspannungskategorien I bis IV. Gemeint ist, dass die elektrische Anlage sozusagen in vier Spannungsebenen (Ebene I bis IV) eingeteilt und für jede Ebene ein Maximalwert für mögliche transiente Überspannungen festgelegt wird. Grob gesehen gilt für typische Netzsysteme AC 230/400 V Folgendes:

- Überspannungskategorie IV
  wird am Ort der Energieeinspeisung in ein Gebäude mit **6 kV** festgelegt. Typische Betriebsmittel dieser Kategorie sind z. B. der Elektrizitätszähler und Überstrom-Schutzeinrichtungen im Vorzählerbereich.
- Überspannungskategorie III
  gilt für typische Betriebsmittel der festen Installation hinter der Hauptverteilung (Zählerverteilung). Der Maximalwert der Überspannung wird mit **4 kV** angegeben. Hier geht es um Betriebsmittel, wie Verteiler, Leistungsschalter, Kabel- und Leitungsanlagen, Stromschienen, Verbindungsdosen und -kästen, Schalter, Steckdosen sowie Betriebsmittel für industrielle Verwendungen.

- Überspannungskategorie II
  gilt mit dem Maximalwert von **2,5 kV** für typische Geräte in der Verbraucheranlage, vor allem ortsveränderliche Betriebsmittel, wie Haushaltsgeräte, handgeführte Werkzeuge.
- Überspannungskategorie I
  gilt für besonders empfindliche Geräte, vor allem im Bereich der Informations- und Kommunikationstechnik, wie Computer und Unterhaltungselektronik und sämtliche Einrichtungen mit empfindlichen elektronischen Bauteilen. Hier wird der Maximalwert mit **1,5 kV** festgelegt.

Es dürfte klar sein, dass die vom Hersteller angegebene Bemessungs-Stoßspannung (U_W) des Betriebsmittels mit der Überspannungskategorie am vorgesehenen Einsatzort übereinstimmen muss. Das heißt, der Planer hat darauf zu achten (soweit er dies überhaupt beeinflussen kann), dass die elektrischen Betriebsmittel dort errichtet bzw. betrieben werden, wo die entsprechende Überspannungskategorie den Wert der Bemessungs-Stoßspannung des Betriebsmittels nicht übersteigt. Sollte dies nicht möglich sein, muss er entsprechende Schutzeinrichtungen (z. B. Überspannungs-Schutzeinrichtungen) vorsehen.

Darüber hinaus müssen in jedem Fall bestimmte Maßnahmen zum Überspannungsschutz erfolgen. In DIN VDE 0100-443, Abschnitt 443.6.1 heißt es wörtlich:

„Die systemeigene Beherrschung von Überspannungen, basierend nur auf der Bemessungs-Stoßspannung der Betriebsmittel nach DIN EN 60664-1 (VDE 0110-1), kann nicht ausreichend sein, weil:“

Im erwähnten Abschnitt der Norm folgen dann hierfür diverse Begründungen, deren detaillierte Analyse den Rahmen dieses Buchs sprengen würde. Fest steht jedoch, dass Maßnahmen des Überspannungsschutzes notwendig sind, die im Einzelnen in DIN VDE 0100-534 beschrieben werden.

Die Norm bezeichnet eine Überspannungs-Schutzeinrichtung mit den Buchstaben SPD (engl. Surge Protective Device). In der Hauptsache geht es (neben einigen weiteren Parametern, die nach DIN VDE 0100-534, Abschnitt 534.4.4 zu beachten sind) darum, Überspannungs-Schutzeinrichtungen (SPDs) an bestimmten Stellen in der elektrischen Anlage vorzusehen.

Diese SPDs müssen einen sogenannten Schutzpegel (U_p) aufweisen, der nicht größer sein darf als die Bemessungs-Stoßspannung (U_W) der zu schützenden Betriebsmittel bzw. nicht größer als die maximale Spannungsspitze der entsprechenden Überspannungskategorie.

Der Schutzpegel U_p ist die maximale Spannung, die an den Anschlussklemmen der Überspannungs-Schutzeinrichtung (SPD) auftreten kann, während diese bei einer Beaufschlagung mit einer transienten Überspannung einen Blitzstrom führt. Dieser Wert muss vom Hersteller der SPD angegeben werden. Unterschieden wird nach Norm in:

- Überspannungs-Schutzeinrichtungen (SPDs) Typ 1, oft bezeichnet als „Typ 1" und/oder „T1" (T1 in einem Quadrat) – häufig auch „Blitzstromableiter" genannt,
- Überspannungs-Schutzeinrichtungen (SPDs) Typ 2, oft bezeichnet als „Typ 2" und/oder „T2" (T2 in einem Quadrat),
- Überspannungs-Schutzeinrichtungen (SPDs) Typ 3, oft bezeichnet als „Typ 3" und/oder „T3" (T3 in einem Quadrat).

3.3 Anforderungen an Überspannungs-Schutzeinrichtungen

Mit Herausgabe von DIN VDE 0100-443 in der Ausgabe vom Oktober 2016 wurden die Anforderungen an Überspannungs-Schutzmaßnahmen deutlich verschärft. Wörtlich heißt es im Abschnitt 443.4 dieser Norm:

„Der Schutz bei transienten Überspannungen muss vorgesehen werden, wenn die Folgen der Überspannungen Auswirkungen haben auf:

1) Menschenleben, z. B. Anlagen für Sicherheitszwecke, medizinische genutzte Bereiche;

2) öffentliche Einrichtungen und Kulturbesitz, z. B. Ausfall von öffentlichen Diensten, Telekommunikationszentren, Museen;

3) Gewerbe- oder Industrieaktivitäten, z. B. Hotels, Banken, Industriebetriebe, Gewerbemärkte, landwirtschaftliche Betriebe;

4) Ansammlungen von Personen, z. B. in großen Gebäuden, Büros, Schulen;

5) Einzelpersonen, z. B. in Wohngebäuden und kleinen Büros, wenn in diesen Gebäuden Betriebsmittel der Überspannungskategorie I oder II errichtet sind.“

Dies ist keine Empfehlung, sondern eindeutig eine einzuhaltende Vorschrift. Die Voraussetzung für diese Anforderung ist, dass die Überspannung in ihrer Auswirkung eine Gefährdung verursachen kann. Dabei sind die Punkte 1) bis 3) relativ klar. Lediglich die Frage, welche „Auswirkungen“ hier genau gemeint sind, bleibt offen. Offensichtlich entsteht hier ein gewisser subjektiver Spielraum: Was bei einer Anwendung eine markante Auswirkung ist, kann für eine andere Anwendung als eine zu vernachlässigende Randerscheinung definiert werden.

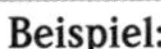

Beispiel:
In einem Industriebetrieb kann eine Überspannung markante Störungen im Ablauf hervorrufen, weil durch den einlaufenden Spannungsimpuls falsche Signale für die Steuerung des Ablaufs generiert werden.

An anderer Stelle verursacht eine Überspannung lediglich ein Flackern in der Anzeige oder die „Auswirkung“ ist derart marginal und kann sich auch sonst nicht gefahrdrohend auswirken, sodass die Überspannungsbeaufschlagung niemandem auffällt.

Die Frage nach einer Auswirkung ist leider stets mit einem subjektiven Faktor verbunden. Genau genommen gilt dies sogar für eine vermutete Gefährdung von Personen; denn sonst müsste es beispielsweise eine pauschale Anforderung geben, eine äußere Blitzschutzanlage auf jedem Gebäude zu errichten, weil selbstverständlich ein direkter Blitzschlag Menschen in Gefahr bringen kann. Jede Gefährdungsbeurteilung, die nach ArbSchutzG oder BetrSichV gefordert ist, schließt die notwendige Bewertung ein, ob eine mögliche Gefahr hinnehmbar ist oder nicht.

Der Planer muss natürlich zunächst davon ausgehen, dass an allen Stellen in der Anlage Auswirkungen möglich sind. Im Einzelfall kann er dann in Absprache mit dem Betreiber auf Überspannungs-Schutzmaßnahmen verzichten, wenn er (in Absprache mit dem Betreiber) sicher ist, dass die möglichen Überspannungen keine nennenswerten Auswirkungen verursachen.

Beim Punkt 4) der zuvor angegebenen Liste wird es schon etwas problematischer. Welche „Auswirkung“ hat eine Überspannung auf eine „Ansammlung von Personen“? Hier wurde in erster Linie an mögliche Überschläge gedacht, die einen Brand verursachen können, oder beispielsweise auch daran, dass eine Beleuchtung unverhofft außer Betrieb gesetzt werden könnte. Selbst wenn nach einer kurzen Zeit eine möglicherweise vorhandene Sicherheitsbeleuchtung einsetzt, könnte eine plötzliche Dunkelheit als eine zu beachtende Auswirkung betrachtet werden. Auch der Ausfall einer Klimatisierung in einem Großraumbüro ist in der Regel eine nicht zu vernachlässigende Auswirkung auf Personen, die sich dort aufhalten.

Beim Punkt 5) kann eine ähnliche Begründung wie bei Punkt 4) erfolgen. Hier wird noch bewusst auf „Betriebsmittel der Überspannungskategorie I oder II“ hingewiesen. Im Prinzip ist dieser Zusatz allerdings unnötig, weil es sicherlich kaum ein Büro oder Wohngebäude gibt, in dem nicht Betriebsmittel dieser Kategorien vorhanden sind.

Damit ist eine fast flächendeckende Notwendigkeit für Überspannungs-Schutzmaßnahmen festgelegt worden In **Tabelle 3.1** werden die Bedingungen für die Überspannungs-Schutzeinrichtungen (SPDs) gelistet, und im **Bild 3.1** ist das Prinzip eines umfassenden Überspannungsschutzes in einer Verbraucheranlage im TN-System dargestellt.

Ort der Errichtung einer SPD	SPD-Typ	Erläuterungen (Voraussetzung für die Forderung nach DIN VDE 0100-443/-534)
In der Haupt- oder Zählerverteilung (in der Regel im Vorzählerbereich – hierzu VDN-Richtlinie „Überspannungs-Schutzeinrichtungen Typ 1“ beachten)	Typ 1 (Blitzstromableiter)	Die Notwendigkeit besteht, – wenn eine äußere Blitzschutzanlage vorhanden ist oder – wenn für die Versorgung mit elektrischer Energie oberirdisch geführte Kabel verwendet werden.[a]
So nahe wie möglich am „Speisepunkt“ der elektrischen Anlage[b] sowie in den nachfolgenden Unterverteilungen (Stromkreisverteilungen)[c]	Typ 2	Notwendig bei möglichen Auswirkungen auf 1) sicherheitstechnische Einrichtungen, z. B. Sicherheitsbeleuchtung, Brandmeldeanlagen; 2) medizinische genutzte Bereiche; 3) öffentliche Einrichtungen und Kulturbesitz, z. B. in Telekommunikationszentren oder Museen; 4) Gewerbe- oder Industrieaktivitäten, z. B. in Hotels, Banken, Industriebetrieben, Gewerbemärkte, landwirtschaftliche Betriebe; 5) Betriebsmittel der Überspannungskategorie III, II oder I in Gebäuden mit großen Bürobereichen oder in Schulen; 6) Betriebsmittel der Überspannungskategorie II oder I (siehe Abschnitt 3.2 dieses Buchs) in kleinen Büros oder Wohngebäuden.
Möglichst in der Nähe des zu schützenden Betriebsmittels (z. B. in der Steckdose)	Typ 3	Auswirkungen möglich auf besonders empfindliche Betriebsmittel der Überspannungskategorie I

a Es muss geprüft werden, ob eventuell durch die Einführung anderer Leitungssysteme (z. B. informationstechnische Kabel) entsprechende Blitzstromableiter notwendig werden.

b Beispielsweise in der Haupt- oder Zählerverteilung. Wenn dort eine SPD Typ 1 installiert wurde, kann die Errichtung der SPD Typ 2 in nachgeordneten Verteilungen erfolgen, sofern nicht bereits in der Haupt- oder Zählerverteilung Betriebsmittel betrieben werden, die einen Schutz mittels SPD Typ 2 benötigen. In jedem Fall muss auf eine Entkopplung zwischen SPD Typ 1 und Typ 2 nach Herstellerangaben geachtet werden.
Eventuell können hier auch sogenannte Kombiableiter vorgesehen werden, die die Merkmale von Typ 1 und Typ 2 in sich vereinen. Allerdings können SPDs im Vorzählerbereich nur eingesetzt werden, wenn sie die Anforderungen der oben erwähnten VDN-Richtlinie „Überspannungs-Schutzeinrichtungen Typ 1“ einhalten.

c Je nach Überspannungskonzept in sämtlichen Verteilungen zur Versorgung von Betriebsmitteln der Überspannungskategorie I, II und III nach DIN VDE 0100-534, siehe auch Bild 3.1 in diesem Buch

Tabelle 3.1 *Anforderungen zu Überspannungs-Schutzeinrichtungen (SPDs)*

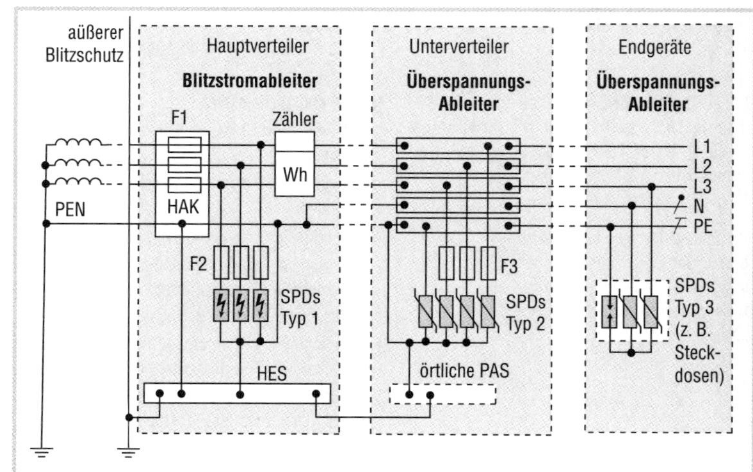

Bild 3.1 *Prinzipdarstellung eines umfassenden Überspannungsschutzes in einem TN-System*

F1 … F3	Überstrom-Schutzeinrichtungen (vor den SPDs nach Angaben des Herstellers)
HAK	Hausanschlusskasten
HES	Haupterdungsschiene
PAS	Potentialausgleichsschien

Quelle: Blitzschutzplaner der Firma Dehn + Söhne

4 Koordinierung von Schalt- und Schutzeinrichtungen

4.1 Selektivität

4.1.1 Allgemeines

Selektivität hat etwas mit Abschaltung zu tun. Eine Abschaltung erfolgt bekanntlich nicht nur betriebsbedingt (betriebsbedingte Schalthandlungen), sondern auch im Fehlerfall durch eine vorgesehene Schutzeinrichtung. Trifft letzteres zu, geht es um die Selektivität von Schutzeinrichtungen.

Betriebsmittel zum Trennen und Schalten werden in DIN VDE 0100-530 beschrieben. In einer früheren Ausgabe dieser Norm wurde Selektivität im Abschnitt 535.1.2 wie folgt beschrieben:

„Selektivität liegt vor, wenn die Ansprechkennlinien von zwei oder mehreren Überstrom-Schutzeinrichtungen in der Weise koordiniert sind, dass beim Auftreten von Überströmen nur die der Fehlerstelle unmittelbar vorgeschaltete Schutzeinrichtung ausschaltet.“

In der aktuellen Ausgabe der Norm fehlt dieser Satz allerdings; dennoch ist er natürlich nicht falsch. Selektivität beinhaltet in den meisten Fällen keine direkten Sicherheitsaspekte, es sei denn, dass durch Abschaltungen, z. B. aufgrund eines Fehlers in einem Stromkreis, andere (nicht vom Fehler betroffene) Stromkreise mit abgeschaltet werden, die sicherheitstechnischen Einrichtungen (Brandmeldeanlagen, Sicherheitsbeleuchtung, Sprinkleranlagen usw.) versorgen oder Einrichtungen, bei denen eine plötzliche Abschaltung eine Gefährdung hervorrufen kann.

Selektivität kann auf verschiedene Weisen sichergestellt werden. Häufig wird eine geforderte Selektivität gewährleistet, indem die vorzusehenden Schutzeinrichtungen in ihrem Abschaltverhalten aufeinander abgestimmt werden. Da die meisten Schutzeinrichtungen mit zunehmenden Überstrom bzw. Fehlerstrom schneller schalten, wird dieses Verhalten genutzt. Man spricht von einer *Stromselektivität*. Sie wird im folgenden Abschnitt 4.1.3 dieses Buchs näher erläutert.

Daneben gibt es aber auch die Möglichkeit, das Abschaltverhalten der Schutzeinrichtungen zu verändern. Man integriert sozusagen Verzögerungselemente in die Abschaltvorrichtungen der Schalteinrichtungen, um sicherzustellen, dass mehrere in Reihe liegende Schutzeinrichtungen im Fehlerfall oder beim Auftreten eines Überstroms nie gleichzeitig schalten. In der Regel werden hierfür Leistungsschalter vorgesehen, die einen sogenannten „Überstromzeitschutz (UMZ)“ besitzen. Im **Bild 4.1** wird das Prinzip dargestellt. Natürlich darf die Zeitverzögerung nicht endlos ge-

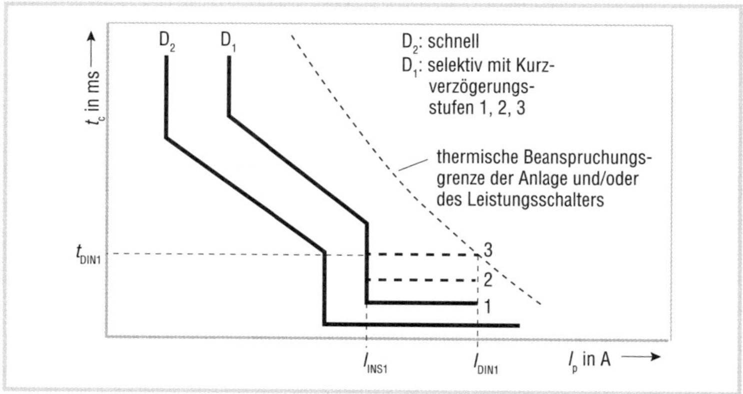

Bild 4.1 *Abschaltkennlinie eines Leistungsschalters ohne Zeitverzögerung* (D_2) *und eines (vorgeschalteten) Leistungsschalters mit Zeitverzögerung* (D_1). *Dabei kann an* D_1 *die Verzögerungsstufe 1, 2 und 3 eingestellt werden. Die Grenze der Selektivität wird durch die thermische Beanspruchung der Anlage (z.B. die vom Überstrom betroffenen Leiter sowie die Kurzschlussfestigkeit des Leistungsschalters* D_1 *bzw.* D_2*) vorgegeben, im Bild mit der gestrichelten Linie angegeben. Nach der Darstellung im Bild wäre die maximale Strombelastung bei der Verzögerungsstufe 3 durch den Strom* I_{DIN1} *gegeben, der spätestens nach der Zeit* t_{DIN1} *abgeschaltet werden muss, damit keine thermischen Vorschädigungen möglich sind.*

- I_p Effektivwert des möglichen Kurzschlussstroms
- I_{INS1} Stromwert, ab dem eine Schnellauslösung von D_1 erfolgen würde; die tatsächliche Auslösezeit richtet sich nach der eingestellten Verzögerungsstufe (1 bis 3)
- I_{DIN1} maximaler Stromwert bei der Verzögerungsstufe 3, der die Anlage thermisch beschädigen kann, wenn er länger als t_{DIN1} fließen würde
- t_C Abschaltzeit
- t_{DIN1} maximale Abschaltzeit für D_1, bei der ein Strom in der Höhe von I_{DIN1} eine thermische Beschädigung hervorrufen kann

dehnt werden, sonst ist der Kurzschlussschutz der nachgeschalteten Anlage in Gefahr. Beispielsweise müssen die Leiter zwischen den hintereinandergeschalteten Leistungsschaltern (im Bild 4.1 ist dies D1 und D2) Kurzschlussströme über die maximal eingestellte Verzögerungszeit aushalten können.

Bei Fehlerstrom-Schutzeinrichtungen werden für eine zeitbedingte Selektivität zeitverzögerte RCDs, die mit „S" gekennzeichnet sind, eingesetzt (siehe hierzu Abschnitt 1.2.2.3.2e in diesem Buch).

Ebenso ist es möglich, die Abschaltungen durch eine übergeordnete Leittechnik zu überwachen, um eine gleichzeitige Abschaltung von hintereinandergeschalteten Schutzeinrichtungen zu verhindern (siehe **Bild 4.2**). Letzteres setzt natürlich voraus, dass es eine extrem schnelle und sicher funktionierende Gebäudeleittechnik gibt und die Schalteinrichtungen damit kompatibel sind. Sicherungen und übliche LS-Schalter würden hierfür nicht infrage kommen. Vielmehr wird dies mit entsprechenden Leistungsschaltern ausgeführt, wobei nachgeschaltete Sicherungen und LS-Schalter weiterhin stromselektiv arbeiten.

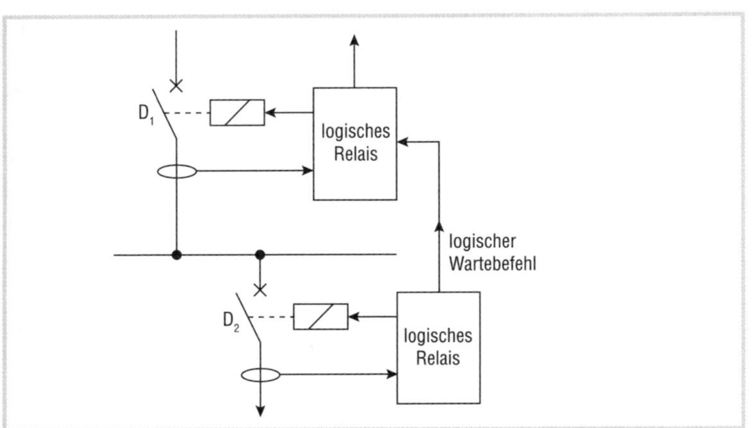

Bild 4.2 *Prinzip einer logischen Selektivität zwischen Leistungsschalter* D_2 *und vorgeschaltem Leistungsschalter* D_1

4.1.2 Anforderungen aus Normen

In DIN VDE 0100-600 werden die Anforderungen an Prüfungen in elektrischen Anlagen beschrieben. In Abschnitt 6.4.2.3 dieser Norm heißt es beim Punkt d) wörtlich, dass bei der Besichtigung u. a. Folgendes zu überprüfen ist:
„Auswahl, Einstellung, Selektivität und Koordinierung von Schutz- und Überwachungsgeräten …“
Bei der Erstprüfung elektrischer Anlagen scheint die Selektivität somit eine wichtige Rolle zu spielen. Auch in den Ausführungsanforderungen für Elektroverteilungen nach **DIN EN 61439-1 (VDE 0660-600-1), Abschnitt 9.3.4** sind klare Aussagen hierzu enthalten. Danach müssen die Überstrom-Schutzeinrichtungen Selektivität aufweisen, wenn die Betriebsbedingungen eine kontinuierliche Energieversorgung verlangen. Damit wäre diese Selektivitätsanforderung allerdings mit einer Bedingung verbunden, die ausschließlich der Betreiber der Anlage vorgeben kann; denn nur er legt fest, ob eine Kontinuität der Energieversorgung zwingend erforderlich ist oder nicht.
Das bedeutet aber nicht, dass Selektivitätsanforderungen für den Planer belanglos sind, wenn eine direkte Anforderung hierzu nicht wörtlich in einer entsprechenden Norm zu finden ist und der Betreiber der Anlage zur Selektivität keine Aussage gemacht hat. Während des Betriebs können bei voraussehbaren Ereignissen, wie eine automatische Abschaltung im Fehlerfall, Schäden, Gefährdungen oder sogar Personenschäden auftreten, weil ungewollte Abschaltungen stattgefunden haben. In diesem Fall müsste sich der Planer natürlich die Frage (eventuell vor Gericht) gefallen lassen, warum er die Selektivität nicht beachtet hat. Seine Antwort, dass Selektivität nicht direkt in Normen verlangt wurde, wird ein Gericht kaum überzeugen.
In den Errichtungsnormen aus VDE 0100 findet man Aussagen zur Selektivität nur ganz vereinzelt:

- **DIN VDE 0100-530** (Schalt- und Steuergeräte),
  Abschnitt 531.3.6
  Durch eine RCD sollen *„nicht alle Endstromkreise, die von einem gemeinsamen Verteilungsstromkreis versorgt werden,*

abgeschaltet werden." Hier allerdings bezogen auf RCDs, die einen zusätzlichen Schutz sicherstellen sollen und dabei zugleich den Fehlerschutz übernehmen dürfen.

- **DIN VDE 0100-705** (Elektrische Anlagen von landwirtschaftlichen und gartenbaulichen Betriebsstätten),
  Abschnitt 705.556.8:
  Stromkreise für die Belüftung bei Intensivtierhaltung müssen volle Selektivität zu allen anderen Stromkreisen haben.
- **DIN VDE 0100-710** (Medizinisch genutzte Bereiche)
  a) **Abschnitt 710.512.1.102:**
  In Gruppe 2 in medizinisch genutzten Bereichen muss Totalausfall beim ersten Fehler verhindert werden.
  b) **Abschnitt 710.535.1.2:**
  Bei Kurzschluss im Endstromkreis dürfen die Stromkreise des vorgeschalteten Verteilers nicht unterbrochen werden.
- **DIN VDE 0100-711** (Ausstellungen, Shows und Stände),
  Abschnitt 711.481.3.1.3:
  Bei vorübergehend errichteten Aufbauten muss eine RCD am Speisepunkt vorgesehen werden, die gegenüber den RCDs in den Endstromkreisen selektiv schaltet.
- **DIN VDE 0100-740** (Vorübergehend errichtete elektrische Anlagen für Aufbauten, Vergnügungseinrichtungen und Buden auf Kirmesplätzen, Vergnügungsparks und für Zirkusse),
  Abschnitt 740.481.3.11.3:
  Bei vorübergehend errichteten Aufbauten muss eine RCD am Speisepunkt vorgesehen werden, die gegenüber den RCDs in den Endstromkreisen selektiv schaltet.

Im privaten Wohnungsbau und überall dort, wo die Technischen Anschlussbedingungen (TABs) der Netzbetreiber beachtet werden müssen, gilt für Zählerverteilungen die VDE-Anwendungsregel **VDE-AR-N 4100** (Technische Regeln für den Anschluss von Kundenanlagen an das Niederspannungsnetz und deren Betrieb (TAR Niederspannung)). Dort heißt es im **Abschnitt 6.2.3:**
„Die Selektivität zwischen den Überstrom-Schutzeinrichtungen in der Anschlussnutzeranlage und denjenigen im Hauptstromversorgungssystem sowie den Hausanschlusssicherungen ist durch Aus-

wahl und Koordination der Schutzeinrichtungen nach DIN VDE 0100-530 (VDE 0100-530) sicherzustellen.“

Wo darüber hinaus (besonders im privaten Wohnungsbau und unter Umständen auch in kleingewerblichen Betrieben) die DIN 18015-1 beachtet werden muss, gilt noch Folgendes:

DIN 18015-1 (Elektrische Anlagen in Wohngebäuden –Teil 1: Planungsgrundlagen), **Abschnitt 5.2.3**:

„Stromkreise in Stromkreisverteilern müssen selektiv schalten.“

Die Selektivität bei Fehlerstrom-Schutzeinrichtungen (RCDs) wird im Abschnitt 1.2.2.3.2 in diesem Buch näher erläutert.

4.1.3 Selektivität von Schutzeinrichtungen

4.1.3.1 Selektivität zwischen Sicherungen der Betriebsklasse gG

Sowohl im Überlastbereich als auch im Kurzschlussbereich ist zwischen Sicherungen eine selektive Abschaltung möglich, wenn die Nennströme der hintereinandergeschalteten Sicherungen mindestens im Verhältnis 1,6:1 ausgewählt wurden. Das bedeutet, dass Sicherungen sich mindestens um zwei Nennstromstufen unterscheiden müssen.

→ **Beispiel:**
Eine Sicherung mit I_N = 16 A bietet volle Selektivität zu einer Sicherung mit mindestens I_N = 25 A, und eine Sicherung mit I_N = 63 A bietet volle Selektivität zu einer Sicherung mit mindestens I_N = 100 A.

Zwei Gründe können für das Überspringen einer Sicherungsnennstufe angegeben werden:

1) In den entsprechenden Normen (z. B. DIN VDE 0636-2) wird in Diagrammen für die Darstellung der Auslösung stets ein Toleranzband angegeben, das durch eine obere Auslösekennlinie (die sogenannte Auslösekennlinie) und eine untere Auslösekennlinie (die sogenannte Nicht-Auslösekennlinie) begrenzt wird. Auf der Y-Achse wird die Auslösezeit (t_a) angegeben. Sie beginnt bei den üblichen Darstellungen der Norm bei $t_a > 100$ ms.

   Für Sicherungen, die nur eine Nennstromstufe auseinanderliegen (z. B. 16 A und 20 A) überschneiden sich deren Toleranzbänder, sodass es nicht hundertprozentig sicher ist, dass nur die Sicherung mit dem geringeren Nennstrom (also die nachgeordnete) schaltet. Erst ab der übernächsten Nennstromstufe liegen die Bänder ohne Überschneidung nebeneinander (siehe **Bild 4.3**).

2) Bei hohen Überströmen, die eine Ausschaltung in einer kürzeren Zeit als $t_a \leq 100\,\text{ms}$) verursachen, betrachtet man statt der Ausschaltzeit die Schmelzenergie (I^2t_{Schmelz}) und die Abschaltenergie ($I^2t_{\text{Abschaltung}}$) der Sicherungen. Diese beiden Energiewerte (siehe **Tabelle 4.1**) unterscheiden sich wie folgt:
   - Die **Schmelzenergie** ist die Energie, die den Schmelzfaden in der Sicherung zum Abschmelzen bringt.
   - Die **Ausschaltenergie** ist die Gesamtenergie vom Beginn des Überstroms bis zur Stromfreiheit. Diese Energie beinhaltet somit die vorgenannte Schmelzenergie und zusätzlich die darauffolgende Energie, die der Strom über einen Lichtbogen an der Abschmelzstelle (in der Löschkammer der Sicherung) bis zum Verlöschen hervorruft.

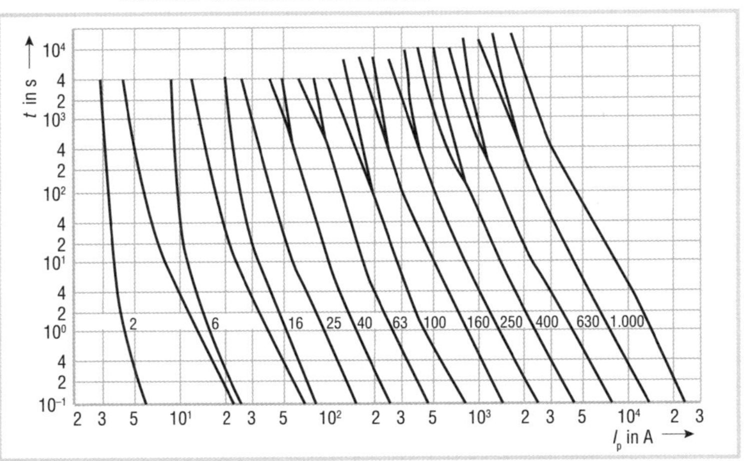

Bild 4.3 *Auslösekennlinien von Schmelzsicherungen der Betriebsklasse gG*
Die Zahlen geben die Nennstromstärke I_n der Sicherungen an. Rechts (bzw. oberhalb) dieser Angabe verläuft die zugehörige Auslösekennlinie und links (bzw. unterhalb) die zugehörige Nicht-Auslösekennlinie. Dabei stimmt die Auslösekennlinie einer Sicherung weitgehend mit der Nicht-Auslösekennlinie der Sicherung überein, die zwei Nennstromstufen höher liegt.
Quelle: DIN VDE 0636-2

I_n in A	kleinster Schmelz-I^2t- Wert		größter Gesamtausschalt-I^2t- Wert		Selektivitäts-verhältnis
	unbeeinfusster I (Effektivwert) in kA	I^2t in A^2s	unbeeinfusster I (Effektivwert) in kA	I^2t in A^2s	
2	0,013	0,67	0,064	16,4	kann errechnet werden
4	0,035	4,90	0,130	67,6	
6	0,064	16,40	0,220	193,6	
8	0,10	40	0,31	390	
10	0,13	67,60	0,4	640	
12	0,18	130	0,45	820	
16	0,27	291	0,55	1.210	1:1,6
20	0,40	640	0,79	2.500	
25	0,55	1.210	1	4.000	
32	0,79	2.500	1,2	5.700	
40	1	4.000	1,5	9.000	
50	1	5.750	1,85	13.700	
63	1,50	9.000	2,3	21.200	
80	1,85	13.700	3	36.000	
100	2,30	21.200	4	64.000	
125	3	36.000	5,1	104.000	
160	4	64.000	6,8	185.000	
200	5,1	104.000	8,7	302.000	
224	5,9	139.000	10,2	412.000	
250	6,8	185.000	11,8	557.000	
315	8,7	302.000	15	900.000	
400	11,8	557.000	20	1.600.000	
500	15	900.000	26	2.700.000	
630	20	1.600.000	37	5.470.000	
800	26	2.700.000	50	10.000.000	
1.000	37	5.470.000	66	17.400.000	
1.250	50	10.000.000	90	33.100.000	

Tabelle 4.1 *Energiewerte (Schmelzenergie und Ausschaltenergie) von Schmelzsicherungen der Betriebsklasse gG. Um Selektivität zu gewährleisten, darf die Ausschaltenergie der nachgeschalteten Sicherung nicht größer werden als die Schmelzenergie der vorgeschalteten Sicherung.*
Die Nennstromstufen 8 A, 12 A und 224 A sind Sondergrößen.
Quelle: DIN VDE 0636-2

Hier geht es deshalb um den Abstand zwischen der Schmelzenergie der vorgeschalteten (größeren) Sicherung und der Ausschaltenergie der nachgeschalteten (kleineren) Sicherung. Bei Sicherungen, die nur eine Nennstromstufe auseinanderliegen, ist die Abschaltenergie der kleineren Sicherung immer noch größer als die Schmelzenergie der vorgeschalteten (größeren) Sicherung. Erst ab der übernächsten Nennstromstufe ist die Abschaltenergie der kleineren Sicherung gering genug, sodass ein Abschmelzen der vorgeschalteten (größeren) Sicherung verhindert wird.

Hinweis: Nur der Hersteller der Schmelzsicherung kann sagen, wo genau die tatsächliche Auslösekennlinie seiner Sicherung innerhalb des Toleranzbereichs liegt. Wenn dies bekannt ist, wäre auch eine Selektivität zwischen Sicherungen möglich, die nur eine Nennstromstufe auseinanderliegen. Allerdings würde das voraussetzen, dass gewährleistet sein muss, dass immer nur Sicherungen dieses Herstellers eingesetzt werden. Da dies üblicherweise nicht dauerhaft gegeben ist, sollten stets die Angaben der Norm für die Einhaltung der Selektivität herangezogen werden, bei denen, wie zuvor ausgeführt, eine sichere Selektivität nur vorausgesetzt werden kann, wenn zwei Nennstromstufen zwischen den Sicherungen liegen.

4.1.3.2 Selektivität zwischen Leitungsschutzschaltern

Leitungsschutzschalter (LS-Schalter) besitzen bekanntlich einen Überlastbereich und einen Kurzschlussbereich. Im Kurzschlussbereich erfolgt eine Abschaltung ab einer vorgegebenen Stromhöhe in Schnellauslösezeit, z. B. beim Typ B beim 5-fachen Nennstrom und beim Typ C in 10-fachem Nennstrom (siehe **Bild 4.4**). Die Schnellauslösung findet bei modernen LS-Schaltern in der Regel in weniger als 10 ms statt.

Aus Bild 4.4 wird bereits deutlich, dass eine Selektivität zwischen LS-Schaltern nur sehr begrenzt möglich ist – nämlich nur dann, wenn der Überstrom (z. B. der Kurzschlussstrom) **höher** ausfällt als die Schnellauslösewerte des nachgeschalteten LS-Schalters (im Bild 4.4 ist dies C2) und zugleich **geringer** als der Schnellauslösewert des vorgeschalteten LS-Schalters (im Bild 4.4 ist dies C1).

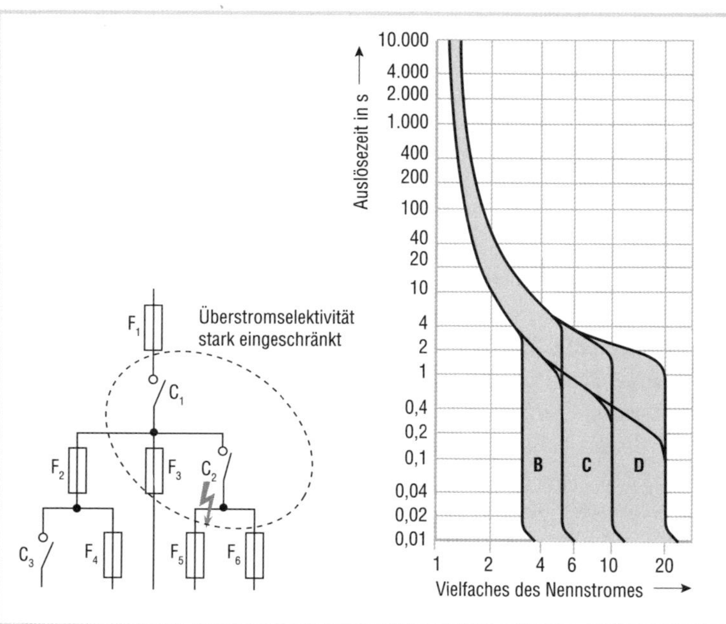

Bild 4.4 *Hintereinandergeschaltete Leitungsschutzschalter. Sobald der Überstrom den Schnellauslösewert des vorgeschaltenten Schalters (C_1) erreicht, ist eine Selektivität nicht mehr gesichert. Durch eine Mischung von Schaltertypen (z. B. C_1: Typ D und C_2: Typ B) kann der Abstand der Schnellauslösewerte lediglich etwas gestreckt werden.*

→ **Beispiel:**

Ein LS-Schalter, Typ B 16 A schaltet ab 80 A in Schnellauslösezeit. Gegenüber einem vorgeschalteten LS-Schalter,

- Typ B 32 A, der ab 160 A in Schnellauslösezeit abschaltet, ist er mindestens bis 160 A selektiv.
- Typ C 25 A, der ab 250 A in Schnellauslösezeit abschaltet, ist er mindestens bis 250 A selektiv.
- Typ C 63 A, der ab 630 A in Schnellauslösezeit abschaltet, ist er mindestens bis 630 A selektiv.

Bei höheren Überströmen ist nicht sicher, welcher Schalter schneller schaltet bzw. ob eventuell beide auslösen.

4.1.3.3 Selektivität zwischen Sicherung und nachgeschaltetem LS-Schalter

Die Auslösekennlinie von Leistungsschaltern und Leitungsschutzschaltern knickt im Auslösebereich unterhalb 4 ms bis 10 ms waagerecht ab (siehe **Bild 4.5**). Das bedeutet, dass auch mit zunehmendem Überstrom keine schnellere Abschaltung möglich ist. Der Grund liegt auf der Hand: Die Schaltmechanik benötigt eine definierte Zeit, um den Schaltvorgang auszuführen. Diese Zeit kann nicht endlos verkürzt werden. Sobald die schnellstmögliche Abschaltzeit bei einem bestimmten Strom erreicht wird, werden auch höhere Überströme nur noch in dieser schnellstmöglichen Abschaltzeit geschaltet. Dadurch wird die Energie (I^2t), die beim Abschalten noch über den Schalter bis zur Stromfreiheit die nachfolgenden Betriebsmittel belastet, mit zunehmendem Überstrom immer größer.

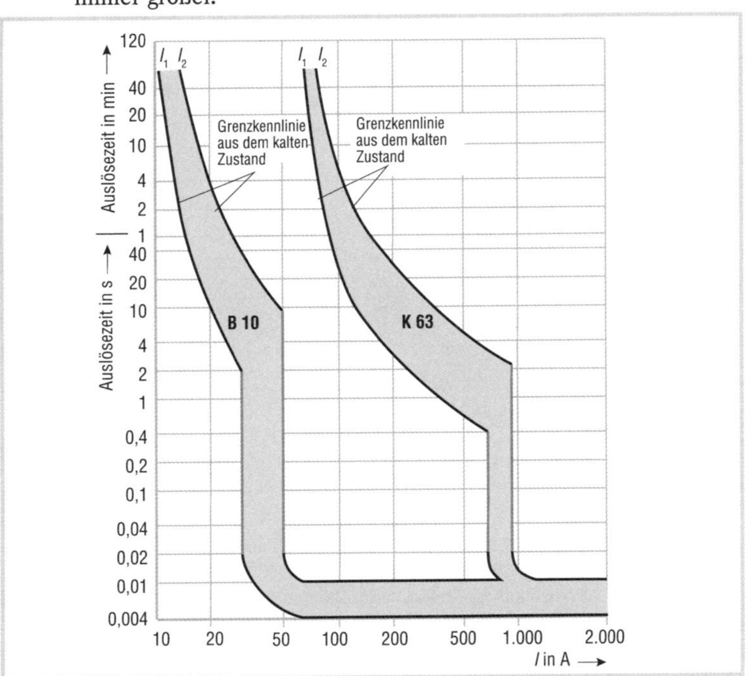

Bild 4.5 *Beispiele für Auslösekennlinien von LS-Schaltern (Typ B, 10 A und Typ K, 63 A). Im unteren Bereich (t_a < 10 ms) knickt die Kennlinie waagerecht ab, weil der Schalter auch bei höheren Strömen nicht schneller schalten kann.*

Bei Sicherungen ist dies jedoch nicht der Fall. Hier bewirkt auch im hohen Überstrombereich ein höherer Strom eine schnellere Auslösung. Die Folge ist, dass auch eine Sicherung mit sehr hohem Nennstrom (z. B. I_n = 100 A) ab einer bestimmten Stromhöhe schneller schaltet als ein nachgeschalteter LS-Schalter mit z. B. I_n = 16 A. Eine Selektivität ist also nur bis zu dieser Stromhöhe möglich (siehe **Bild 4.6**). Die besagte Stromhöhe, bei der dies eintritt, wird Selektivitätsgrenze genannt.

Wenn diese Selektivitätsgrenze durch einen erwarteten Kurzschlussstrom überschritten wird, können statt der Sicherung möglicherweise hochselektive Leitungsschutzschalter (sogenannte SH-Schalter) verwendet werden, die für die nachgeordneten Schalteinrichtungen eine besonders hohe Selektivität gewährleisten. In der **Tabelle 4.2** werden die Selektivitätsgrenzen für verschiedene LS-Schaltertypen angegeben. Dabei werden die Selektivitätsgrenzen unterschieden, wenn eine Schmelzsicherung als Vorsicherung verwendet wird oder ein SH-Schalter.

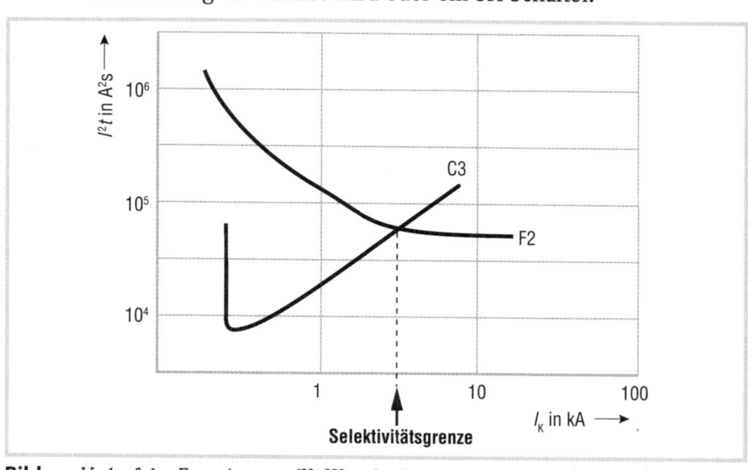

Bild 4.6 *Verlauf der Energiewerte (I^2t-Werte), die eine Abschaltung hervorrufen.*
Bei der Sicherung (F2) verläuft diese Abschaltkennlinie mit größer werdendem Überstrom (I_K) zunehmend waagerecht, weil F2 bei höheren Strömen immer schneller schaltet und so die Energie begrenzt. Beim LS-Schalter (C3) wird die Energie mit zunehmendem Strom größer, weil der Schalter auch mit zunehmendem Überstrom nicht schneller schalten kann und somit die Energie immer größer wird. Ab einer bestimmten Höhe des Überstroms übersteigt die Ausschaltenergie des LS-Schalters die der Sicherung (Selektivitätsgrenze).

Letungsschutzschalter 6000 3	Kurzschlussselktivität bis selektiver Hauptleitungs-Schutzschalter(SH-Schalter)			Schmelzsicherung		
	35 A	63 A	100 A	35 A	63 A	100 A
Typ B, bis 16 A	≥ 6 kA	≥ 6 kA	≥ 6 kA	0,6 kA	1,5 kA	3,2 kA
Typ B, 20 A bis 32 A	≥ 6 kA	≥ 6 kA	≥ 6 kA	0,5 kA	1,3 kA	2,7 kA
Typ C, bis 16 A	≥ 6 kA	≥ 6 kA	≥ 6 kA	0,5 kA	1,3 kA	2,7 kA
Typ C, 20 A bis 32 A	≥ 6 kA	≥ 6 kA	≥ 6 kA	0,4 kA	1,1 kA	2,3 kA

Tabelle 4.2 *Selektivitätsgrenzen bei typischen LS-Schaltern im Vergleich*
rechts: Vorsicherung mittels Schmelzsicherung
links: Vorsicherung mit SH-Schaltern

4.2 Back-up-Schutz bzw. kombinierter Kurzschlussschutz

Seit der Herausgabe der aktuell gültigen DIN VDE 0100-530 muss man bei der Koordinierung von Schaltgeräten in Bezug auf den Kurzschlussschutz unterscheiden in:

- Back-up-Schutz und
- kombinierter Kurzschlussschutz.

4.2.1 Back-up-Schutz

Beim Back-up-Schutz geht es um den Kurzschlussschutz für folgende Geräte:

- Schütz,
- Überlastrelais,
- Netzumschalter bei vorhandener Sicherheitsstromversorgung (TSE),
- Impulsrelais,
- Schalter und
- Fehlerstrom-Schutzeinrichtung (RCD).

Nach DIN VDE 0100-510 (VDE 0100-510), Abschnitt 512.1.2 müssen sämtliche Geräte in der elektrischen Anlage nicht nur für den vorgesehenen Betriebsstrom ausgelegt sein, sondern auch einen Fehler- bzw. Kurzschlussstrom sicher beherrschen. Das bedeutet für die zuvor erwähnten Schalteinrichtungen, dass sie diesen fehlerbedingten Überstrom bis zur Abschaltung sicher führen und gegebenenfalls auch selbst schalten können. In DIN VDE 0100-530, Abschnitt 536.4.2.2 heißt es beispielsweise bezüglich des Kurzschlussschutzes von Schützen und Überlastrelais wörtlich:

„Im Falle eines Kurzschlusses kann das Durchlassverhalten (Durchlassenergie, Spitzenstrom) der vorgeschalteten Schutzeinrichtung dazu führen, dass die Schützkontakte bei einem Stromwert öffnen, der über dem Einschalt- und Ausschaltvermögen des Schützes liegt."

Pauschal lässt sich sagen, dass die Überstrom-Schutzeinrichtung, die den Kurzschlussschutz des betrachteten Gerätes übernehmen soll, vom Hersteller des Gerätes vorgegeben wird. Planer und Errichter müssen also die Auswahl gemäß den Herstelleranforderungen treffen.

Sollen Lastschalter, Trennschalter, Lasttrennschalter oder Schalter-Sicherungseinheiten nach DIN EN 60947-3 (VDE 0660-107) einen Back-up-Schutz erhalten und können die Anforderungen des Schalterherstellers aus irgendeinem Grund nicht berücksichtigt werden, muss die folgende Vorgehensweise beachtet werden

- Das Bemessungskurzschlusseinschaltvermögen des Schalters (der Schalter-Sicherungseinheit) muss höher als der Maximalwert des unbeeinflussten Kurzschlussstroms am Einbauort sein.
- Anhand der Ausschaltkennlinie (Zeit-/Strom-Kennlinie) der Überstrom-Schutzeinrichtung muss geprüft werden, ob der vom Hersteller angegebene Wert des Bemessungskurzzeitstroms I_{cw} noch im geschützten Bereich liegt. Der Wert für I_{cw} wird in der Regel für eine bestimmte Zeit angegeben (z. B. 20 kA, 0,2 s).

Sofern die Leitungsführung zum betrachteten Gerät erd- und kurzschussfest ausgeführt wurde, kann die Überstrom-Schutzeinrichtung auch hinter dem Gerät angeordnet werden.

In Bezug auf den Back-up-Schutz von Fehlerstrom-Schutzeinrichtungen (RCDs) wurde bereits in diesem Buch im Abschnitt 1.2.2.3.2 unter Punkt d) Näheres erläutert.

4.2.2 Kombinierter Kurzschlussschutz

Nach DIN VDE 0100-430, Abschnitt 434.5.1 muss jede Überstrom-Schutzeinrichtung ein Schaltvermögen besitzen, dass dem unbeeinflussten Kurzschlussstrom am Einbauort entspricht. Wenn das nicht gewünscht oder nicht möglich ist, muss eine vorgeschaltete Überstrom-Schutzeinrichtung vorgesehen werden. Die Abschaltcharakteristika dieser beiden Schutzeinrichtungen müssen so aufeinander abgestimmt sein, dass die Gesamtdurchlassenergie beider Einrichtungen nicht die Durchlassenergie überschreitet, die von der Überstrom-Schutzeinrichtung auf der Lastseite sowie von den zu schützenden Leitern ohne Schaden überstanden wird. Mit anderen Worten: insgesamt muss ein ausreichendes Bemessungsschaltvermögen entstehen.

Ein kombinierter Kurzschlussschutz ist damit stets erforderlich, wenn ein zu erwartender Kurzschlussstrom das Schaltvermögen der betrachteten Überstrom-Schutzeinrichtungen übersteigt. Dieser Schutz bedingt, dass für sehr hohe Überströme auf Selektivität (siehe vorherigen Abschnitt 4.1) zu Gunsten der Anlagensicherheit verzichtet wird.

Beispiel:
LS-Schalter benötigen einen Kurzschlussschutz, wenn ein zu erwartender Kurzschlussstrom höher ausfällt als sein Schaltvermögen. Daraus ergibt sich die Notwendigkeit einer Vorsicherung, die vom Hersteller des LS-Schalters angegeben wird. In **Tabelle 4.3** werden LS-Schalter mit einem Schaltvermögen von 6 kA bzw. 10 kA angegeben (Herstellerangaben). Sofern der Kurzschlussstrom diesen Wert übersteigt, muss eine entsprechende Vorsicherung gewählt werden, die einen kombinierten Kurzschlussschutz bis zu einer gewissen Grenze (rechte Spalte von Tabelle 4.3) bietet.

Die gegenseitige Beeinflussung der Abschaltcharakteristik von in Reihe liegenden Überstrom-Schutzeinrichtungen ist zum Teil sehr komplex. Deshalb sind die Herstellerangaben bezüglich der maximalen Vorsicherung stets zu beachten. In DIN VDE 0100-530, Abschnitt 536.4.2.1 heißt es wörtlich:

„Bei der Auswahl von zwei Überstrom-Schutzeinrichtungen für den kombinierten Kurzschlussschutz müssen die Anweisungen des Herstellers der nachgeschalteten Überstrom-Schutzeinrich-

tung berücksichtigt werden. Diese Anweisungen müssen auf Prüfungen nach den betreffenden Produktnormen (je nach Anwendbarkeit, z.B. DIN EN 60947-2 (VDE 0660-101) und DIN EN 60898-1 (VDE 0641-11)) beruhen. Wenn keine Herstellerangaben verfügbar sind, darf der kombinierte Kurzschlussschutz von Überstrom-Schutzeinrichtungen nicht angewendet werden, und jede Überstrom-Schutzeinrichtung muss das erforderliche Kurzschlussausschaltvermögen am Einbauort aufweisen."

Schutzgerät (LS-Schalter)	**Vorsicherung** NH-Sicherung, Betriebsklasse gG	**geschützt bis**
LS-Schalter, Typ B oder C 6A bis 40A, Schaltvermögen: 6kA	50A	50kA
	63A	40kA
	80A	25kA
	100A	25kA
	125A	25kA
LS-Schalter, Typ B oder C 6A bis 63A, Schaltvermögen: 10kA	50A	60kA
	63A	
	80A	
	100A	
	125A	

Tabelle 4.3 *Kombinierter Kurzschlussschutz für LS-Schalter durch unterschiedliche Sicherungen*

5 Schutzeinrichtungen und EMV

Eine Abschaltung für eine geeignete elektromagnetische Verträglichkeit (EMV) ist in den meisten Fällen kontraproduktiv, weil auch eine Abschaltung für den laufenden Betrieb so etwas wie eine Störung bedeuten würde. Schutzeinrichtungen müssten also im Sinne einer EMV eher eine warnende, überwachende Funktion übernehmen.

In DIN VDE 0100-444, Abschnitt 444.4.3.2 heißt es wörtlich:

„Anlagen in neu zu errichtenden Gebäuden müssen von der Einspeisung an als TN-S-Systeme errichtet werden. In bestehenden Gebäuden, die bedeutende informationstechnische Betriebsmittel enthalten oder wahrscheinlich enthalten werden und die aus einem öffentlichen Niederspannungsnetz versorgt werden, sollte ab dem Anfang der Installationsanlage ein TN-S-System errichtet werden."

Unter diesem Text findet man eine Anmerkung, die auf eine entsprechende Schutzeinrichtung hinweist:

„ANMERKUNG Die Wirksamkeit eines TN-S-Systems kann durch die Verwendung einer Differenzstromüberwachungseinrichtung (RCM) nach DIN EN 62020 (VDE 0663):2005-11 unterstützt werden."

Die Differenzstromüberwachungseinrichtung (RCM – aus dem Englischen: Residual Current Monitoring) wurde bereits im Abschnitt 2.2.1.3 dieses Buchs erwähnt. Die RCM arbeitet im Grunde wie eine RCD (siehe Abschnitt 1.2.2.3.2 in diesem Buch). Allerdings erfolgt bei einem vorhandenen Ableit- oder Fehlerstrom keine Abschaltung, sondern lediglich eine Meldung. Ableit- oder Fehlerströme sind Ströme, die z. B. aufgrund eines Isolationsfehlers oder aufgrund von parasitären Kapazitäten von den aktiven Leitern über andere Leiter oder leitfähige Teile (fremde leitfähige Teile, Potentialausgleichsverbindungen, Kabelschirme, Schutzleiter usw.) fließen. Bei einer RCM kann der Summenstromwandler, durch den die aktiven Leiter des zu überwachenden Stromkreises (Außenleiter und Neutralleiter) geführt werden, in der RCM verbaut sein, oder es können hierfür externe Stromwandler verwendet werden.

Die erwähnte Anmerkung aus DIN VDE 0100-444, Abschnitt 444.4.3.2 besagt, dass die aktiven Leiter (Außenleiter und Neutralleiter) eines Stromkreises über eine RCM geführt werden können, um zu verhindern, dass irgendwelche niederohmigen Verbindungen zwischen dem Neutralleiter und dem Schutz- und Potentialausgleichssystem entstehen – beispielsweise wenn eine Unterverteilung nachgerüstet wird, bei der versehentlich die N-Schiene mit der PE-Schiene verbunden wurde. In diesem Fall würde dies eine vorgeschaltete RCM registrieren, sobald ein vorhandener Neutralleiterstrom zum Teil über den Schutzleiter zurückfließen wird.

Aber auch andere eventuell störende Verbindungen zwischen aktiven Leitern und dem Schutz- und Potentialausgleichssystem im Gebäude werden durch die RCM registriert. Dies kann unter Umständen durch elektronische Einrichtungen bzw. elektronische Bauteile von Betriebsmitteln entstehen, die eine mehr oder weniger niederimpedante Anbindung an das Massesystem besitzen.

Werden die registrieren Werte der RCM regelmäßig festgehalten, kann man beispielsweise eine Entwicklung, bei der immer höhere Ableitströme entstehen, in einem sehr frühen Stadium erkennen. Müssen, z. B. aus Gründen einer geeigneten EMV im Gebäude, Schutzleiterströme möglichst verhindert werden, ist die Überwachung mittels einer RCM durchaus ein probates Mittel.

Wird die RCM mit einem externen Stromwandler betrieben, kann auch eine Überwachung der Stromkreise bezüglich Streuströme (sogenannte vagabundierende Streuströme) ermöglicht werden. Mit Streuströmen werden sämtliche Ströme bezeichnet, die zwar über die Außenleiter der Stromkreise ins Gebäude hineinfließen, jedoch nicht in einem Stromkreis (bestehend aus *allen* Leitern, also Außenleiter, Neutralleiter und Schutzleiter) zurückfließen. Das bedeutet, es geht um Ströme, die (z. B. aufgrund von parasitären Kapazitäten) von den aktiven Leitern ausgehend über

- leitfähige Teile im Gebäude (z. B. Wasserrohre, Lüftungskanäle, Heizungsrohre),
- Schirme von Datenleitungen oder
- Schutzpotentialausgleichsverbindungen (z. B. Leiter des zusätzlichen Schutzpotentialausgleichs)

fließen. Solche Ströme sorgen dafür, dass die Stromsumme in einem Energiekabel nicht mehr Null ist. Weiterhin können sie unter Umständen informationstechnische Signale stören. Wenn man alle aktiven Leiter und zusätzlich den PE-Leiter des Stromkreises durch den zuvor erwähnten Stromwandler führt, kann die RCM solche vom Stromkreis abfließenden Streuströme registrieren.
Im Abschnitt 2.2.1.3 dieses Buchs wurden weitere Anwendungen für RCMs beschrieben.

6 Zusammenfassung

Die **Tabelle 6.1** gibt einen Überblick, welche Schutzeinrichtungen in typischen Stromkreisen der elektrischen Anlage notwendig werden, und beschreibt zusätzlich die hauptsächlichen Anforderungen, die in diesem Zusammenhang zu beachten sind.

Darüber hinaus können Fehlerstrom-Schutzeinrichtungen (RCDs) notwendig werden, wenn Anforderungen zum zusätzlichen Schutz zu beachten sind (siehe Abschnitt 1.1.3, insbesondere Tabelle 1.6 in diesem Buch). Auch wenn Anforderungen zum Explosionsschutz z. B. nach Normen der Reihe DIN EN 60079 (VDE 0165) beachtet werden müssen, sind möglicherweise besondere Schutzeinrichtungen (z. B. RCDs) vorzusehen.

Art des Stromkreises	Überstrom-Schutzeinrichtung[a]	RCD	AFDD	SPD	RCM
Allgemeine Anforderung: Zuleitung für HV/ZV (z. B. Hauptleitung zwischen HAK und ZV nach TAB)	**E** eingangsseitig: NH-Sicherung (z. B. im HAK) verbraucherseitig: SH-Schalter (vor dem Zähler)	**X**	**X**	**SPD Typ 1**, wenn – eine äußere Blitzschutzanlage vorhanden ist oder – die Einspeisung mit oberirdischen Kabeln erfolgt. Für eine Montage im Vorzählerbereich, siehe VDN-Richtlinie „Überspannungs-Schutzeinrichtungen Typ 1“	**X**
Allgemeine Anforderung: Zuleitungen zu UV bzw. SKV im TN-System	**E** (am Abgang des vorgeordneten HV/ZV oder ggf. in der Einspeisung des UV/SKV)	**X**[c] Jedoch notwendig, wenn die Abschaltzeit nach DIN VDE 0100-410, Abschnitt 411.3.2.2 nicht mit Überstrom-Schutzeinrichtungen eingehalten werden kann. *Alternative:* Kabel und Leitungen sicher verlegen und UV bzw. SKV in Schutzklasse-II-Ausführung. (Anforderungen, siehe Abschnitte 1.2.1.1, 1.2.2.3.2 und Tabelle 1.5 in diesem Buch)	**X**	**E** **SPD Typ 2** – in der Regel eingangsseitig im UV bzw. SKV – Voraussetzung für Forderung und weitere Anforderungen hierzu, siehe Tabelle 3.1 – auf Entkopplung zur vorgeschalteten SPD Typ 1 achten, siehe Tabelle 3.1 (*Achtung:* bei mehreren Verteilungsebenen ist es ggf. erforderlich, den Schutz durch eine SPD Typ 2 in der nachfolgenden UV zu wiederholen	**X**

Tabelle 6.1 *Zusammenfassung der Anforderungen an Schutzeinrichtungen in typischen Stromkreisen der elektrischen Anlage* (Teil 1/12)

Art des Stromkreises	Überstrom-Schutzeinrichtung[a]	RCD	AFDD	SPD	RCM
Allgemeine Anforderung: Zuleitungen zu UV bzw. SKV im TT-System	**E** (am Abgang des vorgeordneten HV/ZV oder ggf. in der Einspeisung des UV/SKV)	**E** Anforderungen, siehe Abschnitte 1.2.1.1, 1.2.2.3.2 und Tabelle 1.5 Alternative: Kabel und Leitungen sicher verlegen und UV bzw. SKV in Schutzklasse-II-Ausführung. - - - - - - - - **X**[c] Sofern die Abschaltzeit nach DIN VDE 0100-410, Abschnitt 411.3.2.2 mit Überstrom-Schutzeinrichtungen eingehalten werden kann.	**X**	**E** **SPD Typ 2** – in der Regel eingangsseitig im UV bzw. SKV – Voraussetzung für Forderung und weitere Anforderungen hierzu, siehe Tabelle 3.1 – auf Entkopplung zur vorgeschalteten SPD Typ 1 achten, siehe Tabelle 3.1 (*Achtung:* bei mehreren Verteilungsebenen ist es ggf. erforderlich, den Schutz durch eine SPD Typ 2 in der nachfolgenden UV zu wiederholen)	**X**
privater Wohnungsbau[b] Endstromkreis für Steckdosen bis 32 A und Beleuchtung	**E**	**E** $I_{\Delta n} \leq 30$ mA	**X** - - - - - - - - **0** Für 1-phasige AC-Endstromkreise bis 16 A in *Schlafräumen*; Abschaltfunktion kann von einem LS-Schalter (bzw. einer Kombination FI/LS-Schalter) übernommen werden, wodurch zugleich die Anforderungen an den Überstromschutz und ggf. den Fehlerschutz und Zusatzschutz erfüllt werden.	**E** **SPD Typ 3** (sofern notwendig – siehe Abschnitt 3 und Tabelle 3.1) – Errichtung möglichst nahe am zu schützenden Betriebsmittel, z. B. in der Steckdose – Auf Entkopplung zur vorgeschalteten SPD Typ 2 achten, siehe Tabelle 3.1	**X**

Tabelle 6.1 *Zusammenfassung der Anforderungen an Schutzeinrichtungen in typischen Stromkreisen der elektrischen Anlage* (Teil 2/12)

Art des Stromkreises	Überstrom-Schutzeinrichtung[a]	RCD	AFDD	SPD	RCM
privater Wohnungsbau[b] Endstromkreis im TN-System für den Festanschluss von Verbrauchsmitteln und für Steckdosen über 32 A im privaten Wohnungsbau (außer für Räume mit Badewanne oder Dusche)	**E**	**X**[c] - - - - - **E** – Nur wenn die Abschaltzeit nach DIN VDE 0100-410, Abschnitt 411.3.2.2 nicht mit Überstrom-Schutzeinrichtungen eingehalten werden kann. Anforderungen, siehe Abschnitte 1.2.1.1, 1.2.2.3.2 und Tabelle 1.5 in diesem Buch – Und in Räumen, in denen nach Normen der Gruppe 700 aus VDE 0100 ein zusätzlicher Schutz gefordert wird. Anforderungen siehe Abschnitt 1.3 und Tabelle 1.6 in diesem Buch	**X** - - - - - **0** Für 1-phasige AC-Endstromkreise bis 16 A in *Schlafräumen;* Abschaltfunktion kann von einem LS-Schalter (bzw. einer Kombination FI/LS-Schalter) übernommen werden, wodurch zugleich die Anforderungen an den Überstromschutz und ggf. den Fehlerschutz und Zusatzschutz (sofern erforderlich) erfüllt werden.	**E** **SPD Typ 3** (sofern notwendig – siehe Abschnitt 3 und Tabelle 3.1) – Errichtung möglichst nahe am zu schützenden Betriebsmittel, z. B. in der Steckdose. – Auf Entkopplung zur vorgeschalteten SPD Typ 2 achten, siehe Tabelle 3.1.	**X**
privater Wohnungsbau[b] Endstromkreis im TT-System für den Festanschluss von Verbrauchsmitteln und für Steckdosen über 32 A im privaten Wohnungsbau (außer für Räume mit Badewanne oder Dusche)	**E**	**E** Anforderungen, siehe Abschnitte 1.2.1.1, 1.2.2.3.2 und Tabelle 1.5	**X** - - - - - **0** Für 1-phasige AC-Endstromkreise bis 16 A in *Schlafräumen;* Abschaltfunktion kann von einem LS-Schalter (bzw. einer Kombination FI/LS-Schalter) übernommen werden, wodurch zugleich die Anforderungen an den Überstromschutz und ggf. den Fehlerschutz und Zusatzschutz erfüllt werden.	**E** **SPD Typ 3** (sofern notwendig – siehe Abschnitt 3 und Tabelle 3.1) – Errichtung möglichst nahe am zu schützenden Betriebsmittel, z. B. in der Steckdose. – Auf Entkopplung zur vorgeschalteten SPD Typ 2 achten, siehe Tabelle 3.1.	**X**

Tabelle 6.1 *Zusammenfassung der Anforderungen an Schutzeinrichtungen in typischen Stromkreisen der elektrischen Anlage* (Teil 3/12)

Art des Stromkreises	Überstrom-Schutzeinrichtung[a]	RCD	AFDD	SPD	RCM
privater Wohnungsbau[b] Endstromkreis für Räume mit Badewanne oder Dusche	E	E $I_{\Delta n} \leq 30$ mA	X	E **SPD Typ 3** (sofern notwendig – siehe Abschnitt 3 und Tabelle 3.1) – Errichtung möglichst nahe am zu schützenden Betriebsmittel, z. B. in der Steckdose. – Auf Entkopplung zur vorgeschalteten SPD Typ 2 achten, siehe Tabelle 3.1.	X
privater Wohnungsbau[b] Endstromkreis für Steckdosen bis 32 A und Beleuchtung in Schlaf- oder Aufenthaltsräumen von barrierefreien Wohnungen nach DIN 18040-2	E	E $I_{\Delta n} \leq 30$ mA	E Für 1-phasige AC-Endstromkreise bis 16 A; Abschaltfunktion kann von einem LS-Schalter (bzw. einer Kombination FI/LS-Schalter) übernommen werden, wodurch zugleich die Anforderungen an den Überstromschutz und ggf. den Fehlerschutz und Zusatzschutz erfüllt werden.	E **SPD Typ 3** (sofern notwendig – siehe Abschnitt 3 und Tabelle 3.1) – Errichtung möglichst nahe am zu schützenden Betriebsmittel, z. B. in der Steckdose. – Auf Entkopplung zur vorgeschalteten SPD Typ 2 achten, siehe Tabelle 3.1.	X
privater Wohnungsbau[b] Endstromkreis im TN-System für den Festanschluss von Verbrauchsmitteln und für Steckdosen über 32 A in Schlaf- oder Aufenthaltsräumen von barrierefreien Wohnungen nach DIN 18040-2	E	O[c] - - - - - - - - E Nur wenn die Abschaltzeit nach DIN VDE 0100-410, Abschnitt 411.3.2.2 nicht mit Überstrom-Schutzeinrichtungen eingehalten werden kann. Anforderungen siehe Abschnitte 1.2.1.1, 1.2.2.3.2 und Tabelle 1.5 in diesem Buch	E Für 1-phasige AC-Endstromkreise bis 16 A; Abschaltfunktion kann von einem LS-Schalter (bzw. einer Kombination FI/LS-Schalter) übernommen werden, wodurch zugleich die Anforderungen an den Überstromschutz und ggf. den Fehlerschutz und Zusatzschutz (sofern erforderlich) erfüllt werden.	E **SPD Typ 3** (sofern notwendig – siehe Abschnitt 3 und Tabelle 3.1) – Errichtung möglichst nahe am zu schützenden Betriebsmittel, z. B. in der Steckdose. – Auf Entkopplung zur vorgeschalteten SPD Typ 2 achten, siehe Tabelle 3.1.	X

Tabelle 6.1 *Zusammenfassung der Anforderungen an Schutzeinrichtungen in typischen Stromkreisen der elektrischen Anlage* (Teil 4/12)

Art des Stromkreises	Überstrom-Schutzeinrichtung[a]	RCD	AFDD	SPD	RCM
privater Wohnungsbau[b] Endstromkreis im TT-System für den Festanschluss von Verbrauchsmitteln und für Steckdosen über 32 A in Schlaf- oder Aufenthaltsräumen von barrierefreien Wohnungen nach DIN 18040-2	**E**	**E** Anforderungen, siehe Abschnitte 1.2.1.1, 1.2.2.3.2 und Tabelle 1.5	**E** Für 1-phasige AC-Endstromkreise bis 16 A; Abschaltfunktion kann von einem LS-Schalter (bzw. einer Kombination FI/LS-Schalter) übernommen werden, wodurch zugleich die Anforderungen an den Überstromschutz und ggf. den Fehlerschutz und Zusatzschutz (sofern erforderlich) erfüllt werden.	**E** **SPD Typ 3** (sofern notwendig – siehe Abschnitt 3 und Tabelle 3.1) – Errichtung möglichst nahe am zu schützenden Betriebsmittel, z. B. in der Steckdose. – Auf Entkopplung zur vorgeschalteten SPD Typ 2 achten, siehe Tabelle 3.1.	**X**
Schlaf- oder Aufenthaltsräume von Heimen oder Tagesstätten für Kinder oder behinderte bzw. alte Menschen Endstromkreise für Steckdosen bis 32 A und Beleuchtung	**E**	**E** $I_{\Delta n} \leq 30$ mA	**E** Für 1-phasige AC-Endstromkreise bis 16 A; Abschaltfunktion kann von einem LS-Schalter (bzw. einer Kombination FI/LS-Schalter) übernommen werden, wodurch zugleich die Anforderungen an den Überstromschutz und ggf. den Fehlerschutz und Zusatzschutz (sofern erforderlich) erfüllt werden.	**E** **SPD Typ 3** (sofern notwendig – siehe Abschnitt 3 und Tabelle 3.1) – Errichtung möglichst nahe am zu schützenden Betriebsmittel, z. B. in der Steckdose. – Auf Entkopplung zur vorgeschalteten SPD Typ 2 achten, siehe Tabelle 3.1.	**X**
Schlaf- oder Aufenthaltsräume von Heimen oder Tagesstätten für Kinder oder behinderte bzw. alte Menschen Endstromkreise im TN-System für den Festanschluss von Verbrauchsmitteln und für Steckdosen über 32 A	**E**	**O**[c] - - - - - **E** Nur wenn die Abschaltzeit nach DIN VDE 0100-410, Abschnitt 411.3.2.2 nicht mit Überstrom-Schutzeinrichtungen eingehalten werden kann. Anforderungen, siehe Abschnitte 1.2.1.1, 1.2.2.3.2 und Tabelle 1.5 in diesem Buch	**E** Für 1-phasige AC-Endstromkreise bis 16 A; Abschaltfunktion kann von einem LS-Schalter (bzw. einer Kombination FI/LS-Schalter) übernommen werden, wodurch zugleich die Anforderungen an den Überstromschutz und ggf. den Fehlerschutz und Zusatzschutz (sofern erforderlich) erfüllt werden.	**E** **SPD Typ 3** (sofern notwendig – siehe Abschnitt 3 und Tabelle 3.1) – Errichtung möglichst nahe am zu schützenden Betriebsmittel, z. B. in der Steckdose. – Auf Entkopplung zur vorgeschalteten SPD Typ 2 achten, siehe Tabelle 3.1.	**X**

Tabelle 6.1 *Zusammenfassung der Anforderungen an Schutzeinrichtungen in typischen Stromkreisen der elektrischen Anlage* (Teil 5/12)

Art des Stromkreises	Überstrom-Schutzeinrichtung[a]	RCD	AFDD	SPD	RCM
Schlaf- oder Aufenthaltsräume von Heimen oder Tagesstätten für Kinder oder behinderte bzw. alte Menschen Endstromkreise im TT-System für den Festanschluss von Verbrauchsmitteln und für Steckdosen über 32 A	E	E Anforderungen siehe Abschnitte 1.2.1.1, 1.2.2.3.2 und Tabelle 1.5	E Für 1-phasige AC-Endstromkreise bis 16 A; Abschaltfunktion kann von einem LS-Schalter (bzw. einer Kombination FI/LS-Schalter) übernommen werden, wodurch zugleich die Anforderungen an den Überstromschutz und ggf. den Fehlerschutz und Zusatzschutz (sofern erforderlich) erfüllt werden.	E **SPD Typ 3** (sofern notwendig – siehe Abschnitt 3 und Tabelle 3.1) – Errichtung möglichst nahe am zu schützenden Betriebsmittel, z. B. in der Steckdose. – Auf Entkopplung zur vorgeschalteten SPD Typ 2 achten, siehe Tabelle 3.1.	X
Bereich: **Industrie und Gewerbe** Endstromkreise für Steckdosen bis 32 A (sofern sie nicht in die nachfolgenden Rubriken eingeordnet werden müssen)	E	E $I_{\Delta n} \leq 30$ mA	X	E **SPD Typ 3** (sofern notwendig – siehe Abschnitt 3 und Tabelle 3.1) – Errichtung möglichst nahe am zu schützenden Betriebsmittel, z. B. in der Steckdose. – Auf Entkopplung zur vorgeschalteten SPD Typ 2 achten, siehe Tabelle 3.1.	X
Bereich: **Industrie und Gewerbe** Endstromkreise im TN-System für Festanschlüsse von Verbrauchsmittel und für Steckdosen über 32 A (sofern sie nicht in die nachfolgenden Rubriken eingeordnet werden müssen)	E	E Nur wenn die Abschaltzeit nach DIN VDE 0100-410, Abschnitt 411.3.2.2 nicht mit Überstrom-Schutzeinrichtungen eingehalten werden kann. Anforderungen, siehe Abschnitte 1.2.1.1, 1.2.2.3.2 und Tabelle 1.5 in diesem Buch	X	E **SPD Typ 3** (sofern notwendig – siehe Abschnitt 3 und Tabelle 3.1) – Errichtung möglichst nahe am zu schützenden Betriebsmittel, z. B. in der Steckdose. – Auf Entkopplung zur vorgeschalteten SPD Typ 2 achten, siehe Tabelle 3.1.	X - - - - - - - - 0 Zur Unterstützung der EMV im Gebäude – siehe Abschnitt 5 in diesem Buch – sowie nach DIN VDE 0100-420, Abschnitt 422.3.9 als Alternative zur Abschaltung bezüglich Brandschutz (sofern erforderlich), siehe Abschnitt 2.2.1.3

Tabelle 6.1 *Zusammenfassung der Anforderungen an Schutzeinrichtungen in typischen Stromkreisen der elektrischen Anlage* (Teil 6/12)

Art des Stromkreises	Überstrom-Schutzeinrichtung[a]	RCD	AFDD	SPD	RCM
Bereich: **Industrie und Gewerbe** Endstromkreise im TT-System für Festanschlüsse von Verbrauchsmitteln und für Steckdosen über 32 A (sofern sie nicht in die nachfolgenden Rubriken eingeordnet werden müssen)	**E**	**E** Anforderungen, siehe Abschnitte 1.2.1.1, 1.2.2.3.2 und Tabelle 1.5	**X**	**E** **SPD Typ 3** (sofern notwendig – siehe Abschnitt 3 und Tabelle 3.1) – Errichtung möglichst nahe am zu schützenden Betriebsmittel, z. B. in der Steckdose. – Auf Entkopplung zur vorgeschalteten SPD Typ 2 achten, siehe Tabelle 3.1.	**X** - - - - - - - - **0** Zur Unterstützung der EMV im Gebäude – siehe Abschnitt 5 in diesem Buch – sowie nach DIN VDE 0100-420, Abschnitt 422.3.9 als Alternative zur Abschaltung bezüglich Brandschutz (sofern erforderlich), siehe Abschnitt 2.2.1.3. in diesem Buch
Stromkreise in feuergefährdeten Betriebsstätten	**E**	**E** $I_{\Delta n} \leq 300$ mA jedoch $I_{\Delta n} \leq 30$ mA a) bei Gefahr von widerstandsbehafteten Fehlern (z. B. Flächenheizungen) oder b) wenn es um Steckdosenstromkreise bis AC 32 A geht oder wenn sonstige Anforderungen nach einem zusätzlichen Schutz zu erfüllen sind.	**E** Für 1-phasige AC-Endstromkreise bis 16 A; Abschaltfunktion kann von einem LS-Schalter (bzw. einer Kombination FI/LS-Schalter) übernommen werden, wodurch zugleich die Anforderungen an den Überstromschutz und ggf. den Fehlerschutz und Zusatzschutz (sofern erforderlich) erfüllt werden.	**E** **SPD Typ 3** (sofern notwendig – siehe Abschnitt 3 und Tabelle 3.1) – Errichtung möglichst nahe am zu schützenden Betriebsmittel, z. B. in der Steckdose. – Auf Entkopplung zur vorgeschalteten SPD Typ 2 achten, siehe Tabelle 3.1.	**0** Nach DIN VDE 0100-420, Abschnitt 422.3.9 als mögliche Alternative zur Abschaltung bezüglich Brandschutz (sofern erforderlich) und allgemein für einen vorbeugenden Brandschutz nach Abschnitt 2.2.1.3 in diesem Buch

Tabelle 6.1 *Zusammenfassung der Anforderungen an Schutzeinrichtungen in typischen Stromkreisen der elektrischen Anlage* (Teil 7/12)

Art des Stromkreises	Überstrom-Schutzeinrichtung[a]	RCD	AFDD	SPD	RCM
Stromkreise, die in brennbarer Umgebung errichtet wurden, wie Möbel, Hohlwandinstallationen, brennbare Einrichtungsgegenstände	E	E[d] $I_{\Delta n} \leq 300$ mA jedoch $I_{\Delta n} \leq 30$ mA a) bei Gefahr von widerstandsbehafteten Fehlern (z. B. Flächenheizungen) oder b) wenn es um Steckdosenstromkreise bis AC 32 A geht oder wenn sonstige Anforderungen nach einem zusätzlichen Schutz zu erfüllen sind.	E Für 1-phasige AC-Endstromkreise bis 16 A; Abschaltfunktion kann von einem LS-Schalter (bzw. einer Kombination FI/LS-Schalter) übernommen werden, wodurch zugleich die Anforderungen an den Überstromschutz und ggf. den Fehlerschutz und Zusatzschutz (sofern erforderlich) erfüllt werden.	E **SPD Typ 3** (sofern notwendig – siehe Abschnitt 3 und Tabelle 3.1) – Errichtung möglichst nahe am zu schützenden Betriebsmittel, z. B. in der Steckdose. – Auf Entkopplung zur vorgeschalteten SPD Typ 2 achten, siehe Tabelle 3.1.	O Nach DIN VDE 0100-420, Abschnitt 422.3.9 als mögliche Alternative zur Abschaltung bezüglich Brandschutz (sofern erforderlich) und allgemein für einen vorbeugenden Brandschutz nach Abschnitt 2.2.1.3 in diesem Buch
Räume mit unwiederbringlichen Sach- oder Vermögenswerten (unersetzlichen Gütern), z. B. Museen, Galerien Endstromkreise für Steckdosen bis 32 A	E	E $I_{\Delta n} \leq 30$ mA	E Für 1-phasige AC-Endstromkreise bis 16 A; Abschaltfunktion kann von einem LS-Schalter (bzw. einer Kombination FI/LS-Schalter) übernommen werden, wodurch zugleich die Anforderungen an den Überstromschutz und ggf. den Fehlerschutz und Zusatzschutz (sofern erforderlich) erfüllt werden.	E **SPD Typ 3** (sofern notwendig – siehe Abschnitt 3 und Tabelle 3.1) – Errichtung möglichst nahe am zu schützenden Betriebsmittel, z. B. in der Steckdose. – Auf Entkopplung zur vorgeschalteten SPD Typ 2 achten, siehe Tabelle 3.1.	O Nach DIN VDE 0100-420, Abschnitt 422.3.9 als mögliche Alternative zur Abschaltung bezüglich Brandschutz (sofern erforderlich) und allgemein für einen vorbeugenden Brandschutz nach Abschnitt 2.2.1.3 in diesem Buch

Tabelle 6.1 *Zusammenfassung der Anforderungen an Schutzeinrichtungen in typischen Stromkreisen der elektrischen Anlage* (Teil 8/12)

Art des Stromkreises	Überstrom-Schutzeinrichtung[a]	RCD	AFDD	SPD	RCM
Räume mit unwiederbringlichen Sach oder Vermögenswerten (unersetzlichen Gütern), z. B. Museen, Galerien Endstromkreise für Festanschluss von Verbrauchsmitteln und für Steckdosen über 32 A	**E**	**O** $I_{\Delta n} \leq 300$ mA Jedoch $I_{\Delta n} \leq 30$ mA bei Gefahr von widerstandsbehafteten Fehlern (z. B. Flächenheizungen) **E** Wenn die Abschaltzeit nach DIN VDE 0100-410, Abschnitt 411.3.2.2 nicht mit Überstrom-Schutzeinrichtungen eingehalten werden kann. Anforderungen, siehe Abschnitte 1.2.1.1, 1.2.2.3.2 und Tabelle 1.5 in diesem Buch	**E** Für 1-phasige AC-Endstromkreise bis 16 A; Abschaltfunktion kann von einem LS-Schalter (bzw. einer Kombination FI/LS-Schalter) übernommen werden, wodurch zugleich die Anforderungen an den Überstromschutz und ggf. den Fehlerschutz und Zusatzschutz (sofern erforderlich) erfüllt werden.	**E** **SPD Typ 3** (sofern notwendig – siehe Abschnitt 3 und Tabelle 3.1) – Errichtung möglichst nahe am zu schützenden Betriebsmittel, z. B. in der Steckdose. – Auf Entkopplung zur vorgeschalteten SPD Typ 2 achten, siehe Tabelle 3.1.	**O** Nach DIN VDE 0100-420, Abschnitt 422.3.9 als mögliche Alternative zur Abschaltung bezüglich Brandschutz (sofern erforderlich) und allgemein für einen vorbeugenden Brandschutz nach Abschnitt 2.2.1.3 in diesem Buch
EDV- und Rechenzentren sowie Serverräume usw. Endstromkreise für Steckdosen bis 32 A	**E**	**E** $I_{\Delta n} \leq 30$ mA *Alternative:* Nach einer entsprechenden Gefährdungsbeurteilung des Betreibers kann auf den Schutz durch eine RCD verzichtet oder stattdessen z. B. eine Überwachung mit einer RCM vorgesehen werden (siehe Abschnitt 2.2.1.3 in diesem Buch).	**X**	**E** **SPD Typ 3** (sofern notwendig – siehe Abschnitt 3 und Tabelle 3.1) – Errichtung möglichst nahe am zu schützenden Betriebsmittel, z. B. in der Steckdose. – Auf Entkopplung zur vorgeschalteten SPD Typ 2 achten, siehe Tabelle 3.1.	**O** Zur Unterstützung der EMV im Gebäude – siehe Abschnitt 5 in diesem Buch, sowie nach DIN VDE 0100-420, Abschnitt 422.3.9 als Alternative zur Abschaltung bezüglich Brandschutz (sofern erforderlich), siehe Abschnitt 2.2.1.3 in diesem Buch

Tabelle 6.1 *Zusammenfassung der Anforderungen an Schutzeinrichtungen in typischen Stromkreisen der elektrischen Anlage* (Teil 9/12)

Art des Stromkreises	Überstrom-Schutzeinrichtung[a]	RCD	AFDD	SPD	RCM
EDV- und Rechenzentren sowie Serverräume usw. Endstromkreise für den Festanschluss von Verbrauchsmitteln	**E**	**X/E** Erforderlich nur, wenn die Abschaltzeit nach DIN VDE 0100-410, Abschnitt 411.3.2.2 nicht mit Überstrom-Schutzeinrichtungen eingehalten werden kann. Anforderungen, siehe Abschnitte 1.2.1.1, 1.2.2.3.2 und Tabelle 1.5 in diesem Buch	**X**	**E** **SPD Typ 3** (sofern notwendig – siehe Abschnitt 3 und Tabelle 3.1) – Errichtung möglichst nahe am zu schützenden Betriebsmittel, z. B. in der Steckdose. – Auf Entkopplung zur vorgeschalteten SPD Typ 2 achten, siehe Tabelle 3.1.	**O** Zur Unterstützung der EMV im Gebäude – siehe Abschnitt 5 in diesem Buch – sowie nach DIN VDE 0100-420, Abschnitt 422.3.9 als Alternative zur Abschaltung bezüglich Brandschutz (sofern erforderlich), siehe Abschnitt 2.2.1.3 in diesem Buch
Lager mit hochwertigen, kostspieligen oder schwer zu beschaffenden Lagergut Endstromkreise für Steckdosen bis 32 A	**E**	**E** $I_{\Delta n} \leq 30$ mA	**E** Für 1-phasige AC-Endstromkreise bis 16 A; Abschaltfunktion kann von einem LS-Schalter (bzw. einer Kombination FI/LS-Schalter) übernommen werden, wodurch zugleich die Anforderungen an den Überstromschutz und ggf. den Fehlerschutz und Zusatzschutz (sofern erforderlich) erfüllt werden.	**E** **SPD Typ 3** (sofern notwendig – siehe Abschnitt 3 und Tabelle 3.1) – Errichtung möglichst nahe am zu schützenden Betriebsmittel, z. B. in der Steckdose. – Auf Entkopplung zur vorgeschalteten SPD Typ 2 achten, siehe Tabelle 3.1.	**X**

Tabelle 6.1 *Zusammenfassung der Anforderungen an Schutzeinrichtungen in typischen Stromkreisen der elektrischen Anlage* (Teil 10/12)

Art des Stromkreises	Überstrom-Schutzeinrichtung[a]	RCD	AFDD	SPD	RCM
Lager mit hochwertigen, kostspieligen oder schwer zu beschaffenden Lagergut Endstromkreise für den Festanschluss von Verbrauchsmitteln und für Steckdosen über 32 A	**E**	**O** $I_{\Delta n} \leq 300$ mA Jedoch $I_{\Delta n} \leq 30$ mA bei Gefahr von widerstandsbehafteten Fehlern (z. B. Flächenheizungen) - - - - - - - - - - **E** Wenn die Abschaltzeit nach DIN VDE 0100-410, Abschnitt 411.3.2.2 nicht mit Überstrom-Schutzeinrichtungen eingehalten werden kann. Anforderungen, siehe Abschnitte 1.2.1.1, 1.2.2.3.2 und Tabelle 1.5 in diesem Buch	**E** Für 1-phasige AC-Endstromkreise bis 16 A; Abschaltfunktion kann von einem LS-Schalter (bzw. einer Kombination FI/LS-Schalter) übernommen werden, wodurch zugleich die Anforderungen an den Überstromschutz und ggf. den Fehlerschutz und Zusatzschutz (sofern erforderlich) erfüllt werden.	**E** **SPD Typ 3** (sofern notwendig – siehe Abschnitt 3 und Tabelle 3.1) – Errichtung möglichst nahe am zu schützenden Betriebsmittel, z. B. in der Steckdose. – Auf Entkopplung zur vorgeschalteten SPD Typ 2 achten, siehe Tabelle 3.1.	**X**
AC-Stromkreis zum Wechselrichter der PV-Anlagen	**E**	**E** Wenn die Abschaltzeit nach DIN VDE 0100-410, Abschnitt 411.3.2.2 nicht mit Überstrom-Schutzeinrichtungen eingehalten werden kann. Anforderungen, siehe Abschnitte 1.2.1.1, 1.2.2.3.2 und Tabelle 1.5 in diesem Buch	**X**	**E** **SPD Typ 3** (sofern notwendig – siehe Abschnitt 3 und Tabelle 3.1) – Errichtung möglichst nahe am zu schützenden Betriebsmittel, z. B. in der Steckdose. – Auf Entkopplung zur vorgeschalteten SPD Typ 2 achten, siehe Tabelle 3.1.	**X**

Tabelle 6.1 *Zusammenfassung der Anforderungen an Schutzeinrichtungen in typischen Stromkreisen der elektrischen Anlage* (Teil 11/12)

Art des Stromkreises	Überstrom-Schutzeinrichtung[a]	RCD	AFDD	SPD	RCM
Stromkreise für Ladestationen für E-Fahrzeuge	E	E $I_{\Delta n} \leq 30$ mA Bei Ladestationen mit einer typischen Steckdose oder Fahrzeugkupplung (nach VDE 0623), bei denen keine Gleichstrom-Fehlerschutzvorkehrung in der Ladestation integriert wurde, muss eine RCD vom Typ B vorgesehen werden.	X	E **SPD Typ 3** (sofern notwendig – siehe Abschnitt 3 und Tabelle 3.1) – Errichtung möglichst nahe am zu schützenden Betriebsmittel, z. B. in der Steckdose. – Auf Entkopplung zur vorgeschalteten SPD Typ 2 achten, siehe Tabelle 3.1. *Hinweis:* Wenn über die Ladestation Blitzströme ins Gebäude geleitet werden können, ist der Stromkreis wie eine Leitung, die von außen in das Gebäude eingeführt wird, zu schützen (ggf. mit SPD Typ 1).	auf Entkopplung zur vorgeschalteten SPD Typ 2 achten, siehe Tabelle 3.1

a Für den Überstromschutz und zugleich für die Fehlerschutzvorkehrung (Schutz vor elektrischem Schlag), sofern hierzu keine andere Schutzeinrichtung (z. B. RCD) verwendet werden muss.

b Privater Wohnungsbau und ähnliche Nutzungseinheiten wie Kleingewerbe (Geschäfte, Arztpraxen, Kanzleien)

c Stromkreise im Geltungsbereich von DIN 18015-1 (überwiegend privater Wohnungsbau und Kleingewerbe), die Betriebsmittel versorgen, die unter der sogenannten „hundertjährigen Überschwemmungshöhe" bzw. „örtlich festgelegten Überschwemmungshöhe" montiert werden, müssen mit einer Fehlerstrom-Schutzeinrichtung mit einem Bemessungsdifferenzstrom von $I\Delta n \leq 30$ mA geschützt werden.

d Stromkreise in Holzhäusern (Wohnhäuser) sind hier nicht automatisch eingeschlossen, sofern die Kabel und Leitungen durch entsprechende Maßnahmen sicher verlegt wurden, z. B. Verlegung in nicht brennbaren oder feuerhemmenden Materialien.

Legende:

E erforderlich
X nicht erforderlich, nicht üblich oder nicht relevant
0 nicht erforderlich, aber empfohlen
HAK Hausanschlusskasten
HV Hauptverteilung
ZV Zählerverteilung
UV Unterverteiler
SKV Stromkreisverteiler
SH hochselektiver Leitungsschutzschalter
AFDD Brandschutzschalter (Erfassungseinheit und Schalteinrichtung)
SPD Überspannungs-Schutzeinrichtung

Tabelle 6.1 *Zusammenfassung der Anforderungen an Schutzeinrichtungen in typischen Stromkreisen der elektrischen Anlage* (Teil 12/12)

Literatur

VDE-Normen

DIN VDE 0100 Beiblatt 5 (VDE 0100 Beiblatt 5):2017-10
Errichten von Niederspannungsanlagen – Beiblatt 5: Maximal zulässige Längen von Kabeln und Leitungen unter Berücksichtigung des Fehlerschutzes, des Schutzes bei Kurzschluss und des Spannungsfalls

DIN VDE 0100-100 (VDE 0100-100):2009-06
Errichten von Niederspannungsanlagen – Teil 1: Allgemeine Grundsätze, Bestimmungen allgemeiner Merkmale, Begriffe

DIN VDE 0100-410 (VDE 0100-410):2018-10
Errichten von Niederspannungsanlagen – Teil 4-41: Schutzmaßnahmen – Schutz gegen elektrischen Schlag

DIN VDE 0100-420 (VDE 0100-420):2016-02
Errichten von Niederspannungsanlagen – Teil 4-42: Schutzmaßnahmen – Schutz gegen thermische Auswirkungen

DIN VDE 0100-430 (VDE 0100-430):2010-10
Errichten von Niederspannungsanlagen – Teil 4-43: Schutzmaßnahmen – Schutz bei Überstrom

DIN VDE 0100-444 (VDE 0100-444):2010-10
Errichten von Niederspannungsanlagen – Teil 4-444: Schutzmaßnahmen – Schutz bei Störspannungen und elektromagnetischen Störgrößen

DIN VDE 0100-510 (VDE 0100-510):2014-10
Errichten von Niederspannungsanlagen – Teil 5-51: Auswahl und Errichtung elektrischer Betriebsmittel – Allgemeine Bestimmungen

DIN VDE 0100-520 (VDE 0100-520):2013-06
Errichten von Niederspannungsanlagen – Teil 5-52: Auswahl und Errichtung elektrischer Betriebsmittel – Kabel- und Leitungsanlagen

DIN VDE 0100-520 Beiblatt 1 (VDE 0100-520 Beiblatt 1): 2016-10
Errichten von Niederspannungsanlagen – Teil 5-52: Auswahl und Errichtung elektrischer Betriebsmittel – Kabel und Leitungsanlagen; Beiblatt 1: Erläuterungen zur Anwendung der normativen Anforderungen aus DIN VDE 0100-520

DIN VDE 0100-520 Beiblatt 2 (VDE 0100-520 Beiblatt 2): 2010-10
Errichten von Niederspannungsanlagen – Auswahl und Errichtung elektrischer Betriebsmittel – Teil 520: Kabel- und Leitungsanlagen – Beiblatt 2: Schutz bei Überlast, Auswahl von Überstrom-Schutzeinrichtungen, maximal zulässige Kabel- und Leitungslängen zur Einhaltung des zulässigen Spannungsfalls und der Abschaltzeiten zum Schutz gegen elektrischen Schlag

DIN VDE 0100-520 Beiblatt 3 (VDE 0100-520 Beiblatt 3): 2012-10
Errichten von Niederspannungsanlagen – Auswahl und Errichtung elektrischer Betriebsmittel – Teil 520: Kabel- und Leitungsanlagen – Beiblatt 3: Strombelastbarkeit von Kabeln und Leitungen in 3-phasigen Verteilungsstromkreisen bei Lastströmen mit Oberschwingungsanteilen

DIN VDE 0100-530 (VDE 0100-530):2018-06
Errichten von Niederspannungsanlagen – Teil 530: Auswahl und Errichtung elektrischer Betriebsmittel – Schalt- und Steuergeräte

DIN VDE 0100-600 (VDE 0100-600):2017-06
Errichten von Niederspannungsanlagen – Teil 6: Prüfungen

DIN VDE 0105-100 (VDE 0105-100):2015-10
Betrieb von elektrischen Anlagen – Teil 100: Allgemeine Festlegungen

DIN VDE 0105-100/A1 (VDE 0105-100/A1):2017-06
Betrieb von elektrischen Anlagen – Teil 100: Allgemeine Festlegungen; Änderung A1: Wiederkehrende Prüfungen

Normenreihe DIN EN 62305 (VDE 0185-305)
Blitzschutz

DIN VDE 0298-3 (VDE 0298-3):2006-06
Verwendung von Kabeln und isolierten Leitungen für Starkstromanlagen – Teil 3: Leitfaden für die Verwendung nicht harmonisierter Starkstromleitungen
DIN VDE 0298-4 (VDE 0298-4):2013-06
Verwendung von Kabeln und isolierten Leitungen für Starkstromanlagen – Teil 4: Empfohlene Werte für die Strombelastbarkeit von Kabeln und Leitungen für feste Verlegung in und an Gebäuden und von flexiblen Leitungen
DIN EN 60269-1 (VDE 0636-1):2015-05
Niederspannungssicherungen – Teil 1: Allgemeine Anforderungen
DIN VDE 0636-2 (VDE 0636-2):2014-09
Niederspannungssicherungen – Teil 2: Zusätzliche Anforderungen an Sicherungen zum Gebrauch durch Elektrofachkräfte bzw. elektrotechnisch unterwiesene Personen (Sicherungen überwiegend für den industriellen Gebrauch) – Beispiele für genormte Sicherungssysteme A bis K
DIN VDE 0636-3 (VDE 0636-3):2013-12
Niederspannungssicherungen – Teil 3: Zusätzliche Anforderungen an Sicherungen zum Gebrauch durch Laien (Sicherungen überwiegend für Hausinstallationen und ähnliche Anwendungen) – Beispiele für genormte Sicherungssysteme A bis F
DIN VDE 0636-31 (VDE 0636-31):2015-03
Niederspannungssicherungen – Teil 3: Zusätzliche Anforderungen an Sicherungen zum Gebrauch durch Laien (Sicherungen überwiegend für Hausinstallationen oder ähnliche Anwendungen) – Beispiele für genormte Sicherungssysteme A bis F – Nationale Ergänzung 1: Bemessungsspannung = AC 690 V und Bemessungsspannung = DC 600 V
DIN EN 60269-6 (VDE 0636-6):2011-11
Niederspannungssicherungen – Teil 6: Zusätzliche Anforderungen an Sicherungseinsätze für den Schutz von solaren photovoltaischen Energieerzeugungssystemen
DIN EN 60898-1 (VDE 0641-11):2006-03
Elektrisches Installationsmaterial – Leitungsschutzschalter für

Hausinstallationen und ähnliche Zwecke – Teil 1: Leitungsschutzschalter für Wechselstrom (AC)

DIN EN 60898-1 Beiblatt 1 (VDE 0641-11 Beiblatt 1):2012-10
Elektrisches Installationsmaterial – Leitungsschutzschalter für Hausinstallationen und ähnliche Zwecke – Teil 1: Leitungsschutzschalter für Wechselstrom (AC) – Beiblatt 1: Anwendungshinweise zum Einsatz von Leitungsschutzschaltern nach DIN EN 60898-1 (VDE 0641-11) und DIN EN 60898-2 (VDE 0641-12)

DIN EN 60898-2 (VDE 0641-12):2007-03
Elektrisches Installationsmaterial – Leitungsschutzschalter für Hausinstallationen und ähnliche Zwecke – Teil 2: Leitungsschutzschalter für Wechsel- und Gleichstrom (AC und DC)

DIN EN 61439-1 (VDE 0660-600-1):2012-06
Niederspannungs-Schaltgerätekombinationen – Teil 1: Allgemeine Festlegungen

DIN EN 60947-2 (VDE 0660-101):2018-05
Niederspannungsschaltgeräte – Teil 2: Leistungsschalter

DIN EN 61439-2 Bbl 1 (VDE 0660-600-2 Bbl 1):2016-01
Niederspannungs-Schaltgerätekombinationen – Teil 2: Energie-Schaltgerätekombinationen; Beiblatt 1: Leitfaden für die Prüfung unter Störlichtbogenbedingungen infolge eines inneren Fehlers

DIN EN 61008-1 (VDE 0664-10):2018-03
Fehlerstrom-/Differenzstrom-Schutzschalter ohne eingebauten Überstromschutz (RCCBs) für Hausinstallationen und für ähnliche Anwendungen – Teil 1: Allgemeine Anforderungen

DIN EN 61008-1 Bbl 1 (VDE 0664-10 Bbl 1):2012-10
Fehlerstrom-/Differenzstrom-Schutzschalter ohne eingebautem Überstromschutz (RCCBs) für Hausinstallationen und für ähnliche Anwendungen – Teil 1: Allgemeine Anforderungen – Beiblatt 1: Anwendungshinweise zum Einsatz von RCCBs nach DIN EN 61008-1 (VDE 0664-10)

DIN EN 61008-2-1 (VDE 0664-11):1999-12
Fehlerstrom-/Differenzstrom-Schutzschalter ohne eingebauten Überstromschutz (RCCBS) für Hausinstallationen und für ähn-

liche Anwendungen – Teil 2-1: Anwendung der allgemeinen Anforderungen auf netzspannungsunabhängige RCCBs

DIN EN 61009-2-1 (VDE 0664-21):1999-12
Fehlerstrom-/Differenzstrom-Schutzschalter mit eingebautem Überstromschutz (RCBOs) für Hausinstallationen und für ähnliche Anwendungen – Teil 2-1: Anwendung der allgemeinen Anforderungen auf netzspannungsunabhängige RCBOs

DIN VDE 0664-101 (VDE 0664-101):2003-10
Fehlerstrom/Differenzstrom-Schutzschalter ohne eingebauten Überstromschutz für Hausinstallationen und ähnliche Anwendungen (RCCBs) – Teil 101: Anwendung der allgemeinen Anforderungen auf RCCBs für Wechselspannungen über 440 V bzw. Bemessungsströme über 125 A

DIN EN 61009-1 (VDE 0664-20):2016-10
Fehlerstrom-/Differenzstrom-Schutzschalter mit eingebautem Überstromschutz (RCBOs) für Hausinstallationen und für ähnliche Anwendungen – Teil 1: Allgemeine Anforderungen

DIN EN 61543 (VDE 0664-30):2006-06
Fehlerstromschutzeinrichtungen (RCDs) für Hausinstallationen und ähnliche Verwendung – Elektromagnetische Verträglichkeit

DIN EN 62423 (VDE 0664-40):2013-08
Fehlerstrom-/Differenzstrom-Schutzschalter Typ F und Typ B mit und ohne Überstromschutz für Hausinstallationen und für ähnliche Anwendungen

DIN VDE 0664-400 (VDE 0664-400):2012-05
Fehlerstrom-Schutzschalter Typ B ohne eingebauten Überstromschutz zur Erfassung von Wechsel- und Gleichströmen für den gehobenen vorbeugenden Brandschutz – Teil 400: RCCB Typ B+

DIN VDE 0664-401 (VDE 0664-401):2012-05
Fehlerstrom-Schutzschalter Typ B mit eingebautem Überstromschutz zur Erfassung von Wechsel- und Gleichströmen für den gehobenen vorbeugenden Brandschutz – Teil 400: RCBO Typ B+

DIN VDE 0664-50 (VDE 0664-50):2015-11
Fehlerstrom-/Differenzstrom-Schutzeinrichtung mit oder ohne Überstromschutz für Steckdosen für Hausinstallationen und für ähnliche Anwendungen

DIN EN 62606 (VDE 0665-10):2014-08
Allgemeine Anforderungen an Fehlerlichtbogen-Schutzeinrichtungen

DIN EN 62776 (VDE 0715-16):2015-12
Zweiseitig gesockelte LED-Lampen als Ersatz (Retrofit) für zweiseitig gesockelte Leuchtstofflampen – Sicherheitsanforderungen

VdS-Richtlinien

VdS-Publikation 2007 „Anlagen der Informationstechnologie (IT-Anlagen)“. Gesamtverband der Deutschen Versicherungswirtschaft e. V. (GDV). Köln: Verlag VdS Schadenverhütung, 2006.

VdS-Publikation 2010 „Risikoorientierter Blitz- und Überspannungsschutz“. Gesamtverband der Deutschen Versicherungswirtschaft e. V. (GDV). Köln: Verlag VdS Schadenverhütung, 2015.

VdS-Publikation 2015 „Elektrische Geräte und Einrichtungen“. Gesamtverband der Deutschen Versicherungswirtschaft e. V. (GDV). Köln: Verlag VdS Schadenverhütung, 2004.

VdS-Publikation 2023 „Elektrische Anlagen in baulichen Anlagen mit vorwiegend brennbaren Baustoffen“. Gesamtverband der Deutschen Versicherungswirtschaft e. V. (GDV). Köln: Verlag VdS Schadenverhütung, 2001.

VdS-Publikation 2024 „Errichtung elektrischer Anlagen in Möbeln und ähnlichen Einrichtungsgegenständen“. Gesamtverband der Deutschen Versicherungswirtschaft e. V. (GDV). Köln: Verlag VdS Schadenverhütung, 2009.

VdS-Publikation 2025 „Elektrische Leitungsanlagen. Richtlinien zur Schadenverhütung“. Gesamtverband der Deutschen Versicherungswirtschaft e. V. (GDV). Köln: Verlag VdS Schadenverhütung, 2016.

VdS-Publikation 2031 „Blitz- und Überspannungsschutz in elektrischen Anlagen“. Gesamtverband der Deutschen Versicherungswirtschaft e. V. (GDV). Köln: Verlag VdS Schadenverhütung, 2010.

VdS-Publikation 2033 „Elektrische Anlagen in feuergefährdeten Betriebstätten und diesen gleichzustellenden Risiken. Richtlinien zur Schadenverhütung“. Gesamtverband der Deutschen Versicherungswirtschaft e. V. (GDV). Köln: Verlag VdS Schadenverhütung, 2007.

VdS-Publikation 2046 „Sicherheitsvorschriften für elektrische Anlagen bis 1000 V“. Gesamtverband der Deutschen Versicherungswirtschaft e. V. (GDV). Köln: Verlag VdS Schadenverhütung, 2010.

VdS-Publikation 2349-1 „Auswahl von Schutzeinrichtungen für den Brandschutz in elektrischen Anlagen“. Gesamtverband der Deutschen Versicherungswirtschaft e. V. (GDV). Köln: Verlag VdS Schadenverhütung, 2015.

VdS-Publikation 2349-2 „EMV-gerechte Einrichtungen von Niederspannungsanlagen“. Gesamtverband der Deutschen Versicherungswirtschaft e. V. (GDV). Köln: Verlag VdS Schadenverhütung, 2015.

VdS-Publikation 3501 „Isolationsfehlerschutz in elektrischen Anlagen mit elektronischen Betriebsmitteln“. Gesamtverband der Deutschen Versicherungswirtschaft e. V. (GDV). Köln: Verlag VdS Schadenverhütung, 2008.

Fachliteratur

Überstromschutz

Balzer, G.; Nelles, D.; Tuttas, Ch.: Kurzschlussstromberechnung nach IEC und DIN EN 60909-0 (VDE 0102):2002-07. VDE-Schriftenreihe, Bd. 77. Berlin und Offenbach: VDE VERLAG, 2009.

Heinhold, C.; Stubbe, R.: Kabel und Leitungen für Starkstrom. 5. Aufl., Erlangen: Publicis MCD Verlag, 1999.

Kny, K-H.: Schutz bei Kurzschluss in elektrischen Anlagen. 2. Aufl., München: Huss Verlag, 2010.

Schmolke, H.: Auswahl und Bemessung von Kabeln und Leitungen. 7. Aufl., München und Heidelberg: Hüthig Verlag, 2018.

Pistora, G.: Berechnung von Kurzschlussströmen und Spannungsfällen. Überstrom-Schutzeinrichtungen, Selektivität, Schutz bei Kurzschluss, Berechnungen für die Praxis mit CALCKUS. VDE-Schriftenreihe, Bd. 118. 4. Aufl., Berlin und Offenbach: VDE VERLAG, 2016.

Spindler, U.: Schutz bei Überlast und Kurzschluss in elektrischen Anlagen. VDE-Schriftenreihe, Bd. 143. 3. Aufl., Berlin und Offenbach: VDE VERLAG, 2010.

Blitz- und Überspannungsschutz

Kern, A.; Wettingfeld, J.: Blitzschutzsysteme. VDE-Schriftenreihe, Bd. 44. Berlin und Offenbach: VDE VERLAG, 2014.

Biegelmeier, G.; Kiefer, G.; Krefter, K.-H.: Schutz in elektrischen Anlagen, Bd. 4: Schutz gegen Überströme und Überspannungen. VDE-Schriftenreihe, Bd. 83. Berlin und Offenbach: VDE VERLAG, 2001.

Landers, E. U.; Zahlmann, P.: EMV – Blitzschutz von elektrischen und elektronischen Systemen in baulichen Anlagen. VDE-Schriftenreihe, Bd. 185: Berlin und Offenbach: VDE VERLAG, 2013.

Hasse, P.; Wiesinger, J.; Zieschank, W.: Handbuch für Blitzschutz und Erdung. 5. Aufl., München: Richard Pflaum Verlag KG; Berlin und Offenbach: VDE VERLAG, 2005.

Schaltgeräte, Schutzeinrichtungen

Cater, R.; Noe, H.; Borchert, R.; Isberg, M.; Drebenstedt, H.: Niederspannungsschaltgerätekombinationen; Erläuterungen zu DIN EN 61439-1 (VDE 0660-600-1):2012-06.

VDE-Schriftenreihe, Bd. 28., 5. Aufl., Berlin und Offenbach: VDE VERLAG, 2016.

Biegelmeier, G.; Kiefer, G.: Krefter, K-H.: Schutz in elektrischen Anlagen, Band 5: Schutzeinrichtungen. VDE-Schriftenreihe, Bd. 84, Berlin und Offenbach, VDE VERLAG, 1999.

Hofheinz, W.: Fehlerstrom-Überwachung in elektrischen Anlagen. VDE-Schriftenreihe, Bd. 113. 3. Aufl., Berlin und Offenbach: VDE VERLAG, 2014.

Hofheinz, W.: Schutztechnik mit Isolationsüberwachung. VDE-Schriftenreihe, Bd. 114. 3. Aufl., Berlin und Offenbach: VDE VERLAG, 2011.

Heidler, F.; Stimper, K.: Blitz und Blitzschutz. VDE-Schriftenreihe, Bd. 128. Berlin und Offenbach: VDE VERLAG, 2009.

Schumacher, A.; Schmolke, H.: Störlichtbogen – nicht zu vermeiden, aber beherrschbar. etz Elektrotech. Z. (2005) H. 7, S. 44–46.

Schossig, W.; Schossig, T.: Netzschutztechnik, Hrsg. von *R. Cichowski*; 6. Auflage, Berlin und Offenbach: VDE VERLAG, 2017.

Allgemeine Informationen

ABB: Schaltanlagen-Handbuch. 12. Aufl., Berlin: Cornelsen-Verlag, 2012.

Hösl, A.; Ayx, R.; Busch, H. W.: Die vorschriftsmäßige Elektroinstallation. 20. Aufl., Berlin und Offenbach: VDE VERLAG, 2012.

Kiefer, G.; Schmolke, H.: VDE 0100 und die Praxis, 16. Aufl. Berlin und Offenbach: VDE VERLAG, 2017.

Kreienberg, M.: Wo steht was im VDE-Vorschriftenwerk? VDE-Schriftenreihe Bd. 1. Berlin und Offenbach: VDE VERLAG, 2018.

Müller, R.: Elektrotechnik, Lexikon für die Praxis. 2. Aufl., Berlin und Offenbach: VDE VERLAG, 2006.

Schmolke, H.: Brandschutz in elektrischen Anlagen. München und Heidelberg: Hüthig & Pflaum Verlag, 2013.

Schmolke, H.: Elektroinstallation in Wohngebäuden. VDE-Schriftenreihe Bd. 46. 8. Aufl., Berlin und Offenbach: VDE VERLAG, 2018.

Schmolke, H.: DIN VDE 0100 richtig angewandt. VDE-Schriftenreihe, Bd. 106. 7. Aufl., Berlin und Offenbach: VDE VERLAG, 2016.

Schmolke, H.: Brandschutztechnische Bewertung und Prüfung elektrischer Anlagen. VDE-Schriftenreihe Bd. 173, Berlin und Offenbach: VDE VERLAG, 2018.

Cichowski, R.; Cichowski, A.: Lexikon der Installationstechnik. VDE-Schriftenreihe Bd. 52, 4. Auflage, Berlin und Offenbach: VDE VERLAG, 2013.

Seip, G. G. (Hrsg.): Elektrische Installationstechnik. Teil 1: Energieversorgung und -verteilung und Teil 2: Installationsanlagen, -geräte und -systeme, Beleuchtungstechnik, Schutzmaßnahmen. 3. Aufl., Berlin und München: Siemens Aktiengesellschaft, 1993.

Stichwortverzeichnis

A

A-Typ 40
Ableitströme 34, 67
Abschaltzeit 15, 19, 23, 25, 31, 33, 43, 56, 78
AC-Typ 40
AFD-Einheit 76
AFDD 76
Anlagenerder 17
Auslösekennlinie 57, 58
Auslöseverzögerung 34
äußerer Blitzschutz 83
Ausstellungen 50
automatische Abschaltung 11, 14

B

B-Typ 41
Badewanne 48
Basisschutz 10
Basisschutzisolierung 11
Basisschutzvorkehrung 10
Beleuchtungsstromkreise 48, 52
Bemessungs-Stoßspannung 84
Bemessungsdifferenzstrom 13, 16, 31, 32, 33, 35, 40, 47, 66
Bemessungsfehlerstrom 35
Bemessungskurzschlussstrom 37
Bemessungsschaltvermögen 63
Bemessungsstrom 36
Berührungsspannung 20
Betriebsklassen 54
Betriebsmessunsicherheit 28, 29
Blitzschlag 36
Blitzschutz 83
Blitzschutzanlage 83
Blitzstromableiter 86
Brandschutz 65
Brandschutzmaßnahmen 65
Brandschutzschalter 76

C

CBR 25, 34, 44, 45, 67

D

Differenzstrom-Überwachungseinrichtung 67, 68, 107
doppelte Isolierung 11
Dusche 48

E

Einrichtungsgegenstände 50
Endstromkreise 24, 50, 52, 54, 63, 66, 75

F

F-Typ 41
Fehlerlichtbögen 69, 71
Fehlerlichtbogen-Schutzeinrichtung 75, 76
Fehlerschleife 15, 64
Fehlerschleifenimpedanz 15, 19
Fehlerschutz 10
Fehlerschutzvorkehrung 10, 15, 20, 30, 31, 43, 44
Fehlerstrom 15, 22, 40, 75, 107
Fehlerstrom-Schutzeinrichtung 12, 25, 31, 44, 47, 65, 76
Fehlerstromarten 40
Fehlerstromauslösung 25, 44, 45
Fehlerstromgerät 67
Fehlerstromschutz 34, 65, 67
Fehlerstromüberwachung 65
feuergefährdete Betriebsstätte 65
FI/LS-Schalter 32, 39
Frequenzstruktur 78
Fußboden-Flächenheizungen 48

G

geeignete elektromagnetische Verträglichkeit 107
Gefährdungsbeurteilung 14
Gleichzeitigkeitsfaktor 38
Grenzlänge 64
Grenzlängenbetrachtung 64
großer Prüfstrom 57

H

Häufung 55, 62
Haupterdungsschiene 21
Hauptleitungsabzweigklemme 63
Hausanschlusskasten 22
Holzhäuser 80
Hutschiene 62

I
IMD 18, 71
innerer Blitzschutz 83
Isolationsfehler 17, 41, 44, 71, 107
Isolationsüberwachung 18, 50, 71
Isolationswiderstandsmessung 70
Isolationszustand 71, 75

K
kleiner Prüfstrom 61
Körperströme 20
Kurzschluss 64, 69, 74
Kurzschlussfall 64
Kurzschlussschutz 37, 53, 63
Kurzschlussstrom 63
Kurzschlussvorrichtung 73

L
Leistungsschalter 25, 34, 43, 44, 53, 67, 68
Leiterbruch 75
Leitungsschutzschalter 25, 27, 45, 53, 77
Lichtbögen 71
Lichtbogen-Schutzeinrichtungen 71
Lichtbogenstrom 78
LS-Schalter 25, 27, 31, 45, 54

M
Marinas 50
Mehrfachsteckdosen 56
Messeinrichtung 63
Möbel 50
Mobilheim 50
MRCD 34, 67

N
Netzbetreiber 63
Nichtauslösekennlinie 61

O
Oberschwingungsströme 67

P
Parkwohnheim 50
PELV 11
Prüfdauer 56, 61

R
RCD 12, 25, 31, 44, 47, 65, 76
RCD-Typ 40, 43
RCM 67, 68, 107, 109
Reduktionsfaktor 62
Reihenfehlerlichtbögen 78

S
Schaltüberspannung 36
Schleifenimpedanz 44
Schmelzsicherungen 25, 57
Schottung 72
Schutzklasse 10
Schutzmaßnahme 10, 47
Schutzpotentialausgleich 19
Schutzpotentialausgleichsleiter 13, 20
Schutztrennung 11
Schutzvorkehrung 10
Schwimmbad 49
Schwimmbecken 49
Selektivität 32, 39
serielle Lichtbögen 78
SELV 11
Shows 50
Sicherungen 25, 53
Sicherungseinsatz 59
SPD 85
Springbrunnen 48
Stände 50
Steckdosenstromkreise 24
Störlichtbogen 71
Störlichtbogenklasse 72
Störlichtbogenschutz 71
Störlichtbogen-Schutzeinrichtung 71
stoßstromfest 35
Stoßstromfestigkeit 34, 43
Strombelastbarkeit 54, 57, 59
Strombelastbarkeitstabelle 55, 60
Stromimpuls 36
Stromwandler 107
Summenstromwandler 68

T
TAB 63
transiente Überspannungen 84
Trenneigenschaften 24
Typ-B+ 41

U
Übergangswiderstände 75
Überlast 64
Überlastschutz 37, 53, 54, 64
Überlastströme 57
Überlastung 64
Überspannungs-Schutzeinrichtung 85
Überspannungskategorie 84
Überspannungsschutz 83
Überstrom 53

Überstrom-Schutzeinrichtung 16, 25, 27, 31, 44, 36, 53
Überstrom-Zeitschutz 54
Überstromschutz 37, 53
Umgebungsbedingungen 59
Umgebungstemperatur 55
UMZ 54

V

Verlegearten 30, 59
verstärkte Isolierung 10, 11
verstärkte Schutzvorkehrung 10
Verteilerstromkreise 24, 66
vorbeugender Brandschutz 53

Z

zusätzlicher Schutz 10, 12, 47
zusätzlicher Schutzpotentialausgleich 13, 14
Zusatzschutz 14, 48